JN013700

生きる　はたらく　つくる

皆川明

目次

第1章　少年時代……9

泥だんごに熱中
生徒会長になる
陸上選手めざして
父と母
高校に進学
ガールフレンド

第2章　旅立つ……31

輸入家具商を営んだ祖父母
パリ行きと祖父の死
パリ、ルーヴル
ファッションショーを手伝う
スペインへ
帰国

第3章　学ぶこと……55
文化服装学院夜間部
縫製工場で
初めてのフィンランド
marimekko
文化祭のファッションショー
西麻布のオーダーの店
第4章　ミナをはじめる……79
「minä」のスタート
売り上げは十枚
市場でマグロをさばく
アシスタントの登場
自家用車で営業

第5章　直営店をオープンする……101
ヨーロッパで営業
阿佐ヶ谷のアトリエ
白金台の直営店
残高五万円
「スパイラル」での展覧会
採用と出店と

第6章　国内で服をつくる理由……129
良心とビジネスプラン
商売と責任
批評する目
天使の力、背負う力
D to Cの時代に
会社の持続、発展のため

第7章　ブランドを育てる……155
「ショーピース」はつくらない
「難しい」京都に直営店
驚かれた松本店、古民家の金沢店
日常生活への広がり
海外のスタッフと出会う
第8章　よい記憶をつくる仕事……185
仕事のよろこび
スペシャリストとジェネラリスト
理解と共感
よい記憶
デザインの継承
服と人間のからだ
ミナ ペルホネンのこれから

第9章　生きる　はたらく　つくる……219
「ぼく」と「皆川明」と
自分に欠けているもの
付加価値の考えかた
精神と身体
どのように生きるか
波紋のように
皆川明　ミナ ペルホネン　年譜……247

第1章

少年時代

泥だんごに熱中

保育園の頃、いちばん熱中していたのは泥だんごをつくることだった。粘土でウサギとかリスをつくるのも好きだったけれど、泥だんごをつくるのだけは特別で、手のなかの泥だんごの感触はいまも忘れていない。

通っていたのは大田区西糀谷の保育園。西糀谷は蒲田の隣町で、下町的なエリアだ。多摩川の河口にも羽田空港にも近い。昔は空が広々としていて、ブランコにのったまま、のけぞるようにして空を見上げるのが好きだった。流れる雲を目で追ったり、赤々とした夕焼けをぼうっと見ていたりした。そうしているだけで、ぜんぜん飽きなかった。

姉が四歳、ぼくが三歳のとき、両親が離婚した。父がぼくたちを引き取り、父と祖母に育てられた。サラリーマンだった父はのちに再婚することになる。

保育園ではどうしても集団行動に馴染めなかった。でも、内気で引っ込み思案というのとはちょっとちがう。運動神経はよかったから、跳び箱や駆けっこは得意だった。からだを動かすこと全般が好きだった。その延長線上で、男の子と喧嘩ばかりしていた。たいした理由のない喧嘩。仔犬や仔猫のきょうだいがすれ違いざまに前足で叩いたり、噛みついたり、転がったりするのと同じようなものだったかもしれない。とにかく喧嘩は負けなかった。保育園の持ち物入れの引き出しに、喧嘩に負けた男の子からもらったミニカーがだんだんと溜まっていった。

保育園から脱走することもよくあった。近くの公園までひとりで歩いて行って、ひとりで遊んでいた。保育園の年長になると、今度は姉の通う小学校の校庭まで遠征した。保育園の先生が自転車を漕いでやってきて、連れて帰られることもしばしばだった。

先生に「捕獲」されて帰ってくると、ちょうどお昼寝の時間。みんなは床にふとんを並べて眠っているのに、ぼくだけ別の部屋で立たされたりしていた。それでも自分が問題児扱いされたり、特別視されたりしている、とは感じなかった。どこかおおらかに見てくれていたような感覚だけが残っている。

いろんな子どもがいて、好き勝手にやっている時代だった。泥だんごづくりに集中しすぎていたことも、いまならもっと心配されていたかもしれない。脱走は見逃してくれなかったものの、泥だんごについては様子を見ているだけで放っておいてくれたのだ。

つくりはじめた最初はうまくできなかった。でも繰り返し集中してやっているうちに、だんだん上手になってくる。丸くてピカピカした泥だんごが両手のなかに現れるようになる。泥だんごづくりではなにがポイントなのかも、子ども心にわかってくる。

表面を黒光りさせるにはどうするか。ただひたすらこすること。こすればこするほど光る。

泥だんごを強く硬くするにはどうするか。途中で泥だんごに細かい砂をまぶして全体をコーティングする。その上でまた、泥を重ねる。また、こする。そしてまた、コーティング。これを繰り返すうちに、泥だんごには薄い層が重なって、頑丈に、硬くなっていく。言葉ではなく、手と目がそれを覚えていった。

泥を重ねては磨き、重ねては磨き、を繰り返すうちにピカピカの泥だんごができる。

材料の新発見もあった。園庭に白い線を引く石灰の粉を、泥だんごの表面にまぶしてみたら、泥だんごがもっと硬くなった。どうして硬くなるんだろうとはとくに考えなかった。そうなるとわかれば、それは自分の方法として身につく。コツのようなもの、秘訣みたいなものに気がついたとき、思えばまわりには誰もいなかった。自分ひとりだった。

ひとりで黙々とつくっていくのが、ほんとうにたのしかった。

園児のあいだで泥だんごの勝負もあった。ただ泥だんごをぶつけあうだけなのだけど、自分の泥だんごが圧倒的に強かった。自信もあった。

保育園のコンクリートの外床に泥だんごを落としてしまい、割れることもある。割れた泥だんごをじっと観察すると、断面が見えた。泥のミルフィーユ。じつにきれいなもので、じっと見ていて飽きなかった。泥だんごの表面の一部が剥がれるくらいの損傷なら、泥で埋めて補修した。仕上げはやっぱり磨くこと。これでまた元どおりになった。

夕方になると園庭の砂場に深めの穴を掘った。その穴に、リスがクルミを隠しておくみたいに泥だんごを埋めておく。保育園から家に帰る。次の日にまた砂場から掘りだして、昨日のつづきを始める。余計なことは考えず、自分の好きなことをやりたいようにやる。子どもの集中力、エネルギーは、大人が想像する以上に、底知れないものがあると思う。

生徒会長になる

絵も描いていたはずだけれど、なぜかほとんど覚えていない。絵が得意だったという記憶はない。たった一枚だけ覚えているのは、赤いカニの絵。画用紙の右上からこちらに向かって、赤いカニが襲いかかってくるような構図だった。先生にほめられたのか、自分でも仕上がりに満足したのか、その絵のことだけはよく覚えている。でも泥だんごとはちがって、絵を描くのにのめりこんだことは一度もなかったと思う。

地元の小学校に入学した。一年生から三年生までの低学年の教室での記憶はほとんどなにも残っていない。保育園とちがって座る席が決められている。時間割もある。休み時間にならなければ、勝手に教室を出ていくこともできない。保育園にくらべるとじっとしていなければいけない時間ばかりになって、ずいぶん変化があったはずだ。それでもやはり保育園のときと同じように脱走はして、先生に捕獲されては叱られていた。学校が終わると、柔道の道場に通った。動機は単純。もっと喧嘩に強くなりたかったから。

ぼんやりと霧につつまれていたような小学生の記憶は、あることがきっかけで鮮明になる。それは引っ越しだった。四年生になって早々、東京の蒲田から横浜の綱島に引っ越すことになったのだ。綱島に移って、別の小学校に転校生として通うようになると、突然霧が晴れたようになった。あたりの光景がはっきり見えるようになってきたのだ。四年生、九歳だった。年頃もあったのかもしれない。そこからの記憶は鮮明になる。

引っ越し先の綱島は横浜市港北区、鶴見川の左岸にある地域だ。引っ越したので東京の道場には通えなくなり、柔道はやめた。綱島ではソフトボールのチームに入った。

慣れ親しんだ環境が、引っ越しでガラッと変わる。子どもによってはストレスを覚えることもあるだろう。ぼくの場合、引っ越しはどこか晴れがましい変化になった。自分のそれまでの人生が、いったん全部リセットされて、あたらしく始まったような気がしたのだ。

小学校の頃の転校生は、それだけでも妙に気になる存在だ。しかも校庭を走らせればそこそこ速く、運動はなんでもできたから、よけいに目立ったらしい。四年生の授業も、真面目に先生の話を聞いていれば授業の時間内に理解できたから、転校後は成績がオール5になることもあった。生徒会にも入って、六年生になると生徒会長に選ばれた。

もともとは集団行動に馴染めない性格だったけれど、内向的だったわけではないし、人前で話すのが苦手ということもなかったから、そんな役回りを抵抗なく楽しむことができた。蒲田の頃の自分を知っている友だちが聞いたら、さぞ驚いたことだろう。変われば変わるものだ。

変わらなかったのは、とにかくスポーツが好きだったこと。変わらないというよりもますますスポーツが好きになり、学校が休みでも学校に行って体育館に忍び込んでは、マット運動とかバスケットボールとかをやっていた。

ぼくが小学生の頃は、学校はまだ週休二日になる前だから、日曜日だけが休みだった。学校のない日曜日の朝、四時には目が覚めてしまう。テレビをつけてもテスト信号みたいな画面が映っているだけ。ひたすら六時になるのを待っていた。六時になるのを待ちきれずに家を出ると、学校まで走っていき、校門をのりこえて、宿直室の扉をトントンと叩いた。眠っている用務員さんを起こして、体育館の鍵をあけてもらうのだ。

恒例の訪問だったから、すでに親しくなっていた用務員さんは「ちょっと待っててな」と言ってお茶を淹れてくれ、それから体育館の鍵をあけてくれた。早起きさせて悪いなと思っていたし、用務員さんがお酒好きだとわかってからは、ときには瓶ビールを差し入れたりしていた。いまならこんなやりとりは考えられないことかもしれない。ぼくはもちろん用務員さんも、よからぬことをしているという気持ちなどまったくなかった。学校のなかでやってはいけないようなことも、いちいち校則になどなっていなかったと思う。

用務員さんにはおもしろい話も聞いた。副業で段ボールの回収をしているらしい。トラック一台分で五千円になるんだぞ、と笑顔で言った。自分のお小遣いからすればびっくりするような額だった。段ボールを集めるだけなら自分でも簡単だと思い、将来自分も段ボール回収をしようと、さっそく親にそのことを話して、呆れられた。

将来の憧れの職業もあった。六年生になって思い描いていたのは、宮大工だった。木材を選び抜いて、槍鉋のような独特の大工道具も使って、釘に頼らず、神社やお寺を建てる宮大工。何かの映像でたまたま宮大工の仕事ぶりを見て、憧れた。仕事をするなら、こういう仕事がいいと思った。つくる、ということへの関心はその頃から強かったのだろう。

いっぽうで、自分が好きでやっていたスポーツは、職業や仕事に結びつくものとしては考えていなかった。

スポーツはそういうものではなく、無償のものだった。誰もいない日曜日の朝、体育館でバスケットボールをドリブルして、ゴール下まで駆け込んでシュートする。ただその繰り返し。誰が見ているわけでもない。成績がつくわけでもないし小遣いがもらえるわけでもない。

それでも何度やっても飽きない。やりたいからやっている。そういう意味では泥だんごづくりと同じだった。

二、三時間、体育館を走りまわってから、朝食をとりにいったん家に戻る。どこに行ってたんだと聞かれることもなかった。学校で遊んでいたのは知っていたのだと思う。食べ終わるとまた学校に戻った。校庭開放の時間になれば友だちもやってくる。今度は友だちといっしょに遊んだ。

ソフトボールもバスケットボールも、マット運動も鉄棒も、なんでもやった。そのなかでも走ることについては、自分のなかで特別なものになっていると自分で気づくようになった。長距離走なら学校ではいちばん速い。でも、もっと速く走れるはずだと思い、腕のふりかたや脚のあげかた、歩幅など、自分なりにフォームを修正しながら取り組むようになった。工夫するのは好きだった。

絵については、さほどの記憶はない。上手な絵を描く同級生がいて、自分にはあのようには描けないな、と感じたことはよく覚えている。描けないな、という感情の奥には、あのように描けたらいいな、という気持ちもあったかもしれない。

絵のうまい同級生はプラモデルも器用にきれいに組み立てた。当時はやりだったスーパーカーのプラモデルをぼくがつくると、セメダインがちょっとはみ出てしまったり、ナンバーのシールを貼るのがずれたり、色を塗る仕上げもいまひとつだった。絵のうまい同級生は細かいところまでじつにきれいに仕上げる。彼はうちの裏手に住んでいたクリーニング屋の息子で、いまはグラフィック・デザイナーになっている。

陸上選手めざして

年上の従兄弟も陸上の選手だった。同じ港北区にある樽町中学校の陸上部に入っていた。彼は全国大会の決勝まで進む実力があった。小さい頃から知っている従兄弟が全国大会に出場となれば、全国へのハードルはだいぶ低く感じられたのかもしれない。自分にもできると楽観的に考えたのだろう。樽町中学校は陸上の強豪校として全国的に有名だった。自分の家は学区から外れていたが、陸上部に入るために越境入学することになった。

入学後の学校生活はすべて陸上部を軸にして回るようになった。当時、陸上部の顧問だった渕野辰雄先生は、のちにケンブリッジ飛鳥選手のコーチになる人で、一〇〇メートルの元日本記録保持者の井上悟選手や、四〇〇メートルのシドニーオリンピック代表の山村貴彦選手も育て、送り出した有名な指導者だった。

陸上一色の学校生活だったから、三年間ほとんど勉強はしなかった。一九八〇（昭和五十五）年から八三年まで、世の中は原宿の竹の子族の出現や「なめ猫」ブーム、漫才ブームの頃だったけれど、頭のなかにはほとんど、陸上のことしか入ってこない。ファッションへの関心もないどころか、ファッションに関心をもつということじたいがカッコ悪い、と思うようなところがあった。だから、ふだん着ていたものは、制服かジャージだった。

中学時代は一五〇〇メートル、高校では三〇〇〇メートル障害が競技の中心で、五〇〇〇メートルも加わった。走ること自体がおもしろいのはもちろん、自分が出すタイムで、たったいま、自分が全国で何位に入るのかがわかるのも刺戟になった。月刊「陸上競技」のページを開けば、中学生、高校生の全国ランキングが載っている。毎月、誌上に順位と名前が活字になることがすごいと思い、自分の記録とも較べられて、おおいに発奮材料になった。とはいえ、自分の記録は百位に入るのもあやしいところだった。一年後輩には全国で一位、二位を争う記録を出す選手もいた。彼と練習でいっしょに走ると、絶対に勝てない。身体能力が決定的にちがう。絶対に勝てないとなれば、自分の力の限界も見えるようになる。

それでも走ることが好きだった。バレーボールやバスケットボールのようなチームで競うスポーツは、相手との組み合わせ、ボールのゆくえの偶然性なども加わって、強敵にたまたま勝つ試合もある。ところが陸上は、偶然性はゼロではないとはいえ、個々人のその時点での絶対値がそれぞれにあって、そのギリギリの限界をそれぞれの力で突破できるか、という競技なのだ。選手ひとりの力にほぼすべてが集約される。自分頼みのスポーツということにも惹かれていたのではないかと思う。

父と母

父は怒りっぽい人だった。昭和のサラリーマンのイメージどおりの人で、朝早く会社に出かけて、夜帰ってくると疲れているのか会話もない。黙ってテレビを見ているか、本を読んでいるかだった。

父が再婚したのは四歳の頃だった。再婚した母とぼくのコミュニケーションは、父とのコミュニケーションよりはあったかもしれない。それでも母も父と同じく、すぐにカッとする人だったから、いま振り返って考えれば、母とすっかり馴染むようになっていたかといえば、そうではなかったと思う。

綱島に引っ越してきた小学校四年生以降は、毎日学校は楽しかったし、からだも動かし、明るい顔で過ごしていたのに、学校からの帰り道、家が見える道へ曲がり角を曲がった瞬間、笑顔も消え、それまで普通に出ていた声が出なくなるのが自分でもわかった。人と話すという感覚がスッと消えてしまう。活発な小学生だった自分が、もうひとつ別の無口な自分と入れ替わる。家に帰ったとたん「引きこもり」のような心境になる——とでも言えばいいだろうか。当時はまだ「引きこもり」という言い方はなかったかもしれないけれど。

中学にあがる頃には、父とのコミュニケーションはほとんどないに等しいものになっていた。こうしろ、ああしろ、という説教もなかった。父から強く言われたことがあるのは、それからだいぶ経ってからの、たったの一度きりだ。十八歳のとき、これから自分はファッションの世界に行く、と父に告げたときのこと。父は「おまえは、そんなことをしたって無理だ。サラリーマンになればいいのに」とだけ言った。どうしてそう思うのか、その根拠のようなもの、父の考えをいろいろな角度から説明し、説得するというわけでもなかった。ただそれだけの言葉を一方的に放り投げてきて、終わりだった。会話にもならなかった。

ほとんどコミュニケーションがなかったのに、自分についてなにがわかるのかと思うばかりで、父の言葉で思いとどまったり、迷ったりすることはなかった。そんな甘いものじゃない、というつもりで言ったのだろうといまは思う。客観的にいえば「無理だ」というのも分からなくもない。ただ当時の自分には、父の言葉には反発を覚えるばかりで、自分のなかに響くものはなにもなかった。

父とのコミュニケーションのないなか、中学校から家に帰ってきてなにをしていたかといえば、自分の部屋にこもってラジオを聴いたり、ラジオを聴きながらストレッチしたり、脚のマッサージをしたりしていた。スパイクの手入れもこまめにやっていた。親への反発はあったが、経済的には遠慮があって、上等なスパイクは買わないようにしよう、親にお金をたくさん出してもらうのはやめよう、と意識していた。反発はしていても、同時に遠慮もあったのだ。だからスパイクの手入れもよくして、長持ちさせるようにこころがけていた。

就寝前には横たわったまま目をつぶり、これから走るであろうレースを、頭のなかでシミュレーションした。これまでのレースの記憶は、個々にはっきりと残っている。その記憶を土台にして、いまだったら一五〇〇メートル障害をどう走るか。それを考えながら、スタートの瞬間から思い描いてゆく。頭のなかでハードルを跳び、コーナーをまわり、直線を競って走る。スタート直後、どうやって走者の群をかき分け、いいポジションを取ればいいのか、あのレースでは、ここでこうしたほうがよかった、あのときスパートをかけるのはここだったはずだ、とつぎつぎに場面がよみがえってきて、その場面を塗り替えるような理想の走り方をイメージする。想像のなかでゴールへ駆けこむ。

現実の大会でも、直前までレース展開のイメージを思い浮かべた。予選で走るメンバーが決まると、顔ぶれを見ながらそれぞれの特長を考え、こういうレースになるんだろうなと想像して、レース展開を分析する。自分にとっては実際に走ることと同じくらい、レースのシミュレーションをし、自分がそこから抜けだす作戦を立てることに頭を使った。自分の実力は全国でトップテンに入るようなレベルではなかったのだから、どうしてそこまで勝つことにこだわっていたのか。いま思うとちょっと不思議な気もする。

自分が短距離ではなく長距離にかけていたのには理由があった。はじめから決定的な才能、実力がなかったとしても、長距離であれば、その後にめきめきと頭角を現す場合があると期待していたからだ。中学高校で花開かなかった選手でも、あとから実力がついてきて、記録が伸びることもある。それは短距離よりも長距離だ、となんとなく思っていた。全国ランキングに入るかどうかの記録でも、希望を失うわけでなく淡々と陸上だけに集中していたのは、そういう気持ちがあったからだと思う。

親とはおたがいに歩み寄ろうとするわけでもなく毎日が過ぎていくいっぽうで、先生には恵まれていた。中学も高校も担任は陸上の先生だった。自分がそのクラスに入っていたのは偶然ではなく、学校の配慮があったのだろうと想像している。

中学一年で、自分の身長は一四〇センチくらいしかなかった。高校に進学した時点でもやっと一五一センチになったに過ぎない。からだも細く、貧血もひどかった。中学の担任の先生はそんな自分に「あんまり筋力をつけるな」と忠告してくれた。筋力をつけると背が伸びなくなる。筋力は骨の成長を抑制する場合があるから、と。とにかくいまは無理をせずに高校にあがったくらいから頑張れ、と言われて、目先のレースにこだわるいっぽうで、まだしばらく先で頑張る余地がある、と考える視点、余裕のようなものを与えられた気がする。熱くなるばかりでなく、冷静に状況を判断することの重要性を、陸上の先生が教えてくれたと思う。

貧血でも心配をかけた。中学生の頃、一五〇〇メートルを走ってゴールすると、気を失うように倒れてしまうことがしばしばだった。限界まで走り抜けようとした結果だと思っていたら、のちの健康診断で貧血だとわかった。いっときではあったけれど、担任の陸上の先生の奥さんが、レバー料理の入ったお弁当をつくってくれたりもした。

高校に進学

中学三年になり高校をどうするかと考える際に基準となったのは陸上部だった。県立港北高校は陸上の強豪校で、中学生として合同練習に行ったこともある。自分にとって行きたい高校はそこしかなかった。ところが問題は学力だった。受験用の模擬試験を受けてみたら、合格可能性はほぼゼロ。勉強もろくにしていない三年間だったから、当然の結果だった。もちろん、塾に通ったこともなければ、受験勉強をしたこともない。授業中に机に向かう以外、教科書を開くことはなかったし、家で勉強もしていない。クラスメートがみな受験モードになるなかで、中学三年の最後のハイライトである十二月の駅伝に向けて、ひたすら練習していた。

受験にしっかり取り組みたい陸上部員は、三年に進級する前に陸上部を引退するのが普通のコースだった。高校に進学してからもひきつづき陸上部、と考える熱心な部員は、陸上部のある私立高校への陸上推薦をもらって、はやばや進学先を決めてしまう。だから中三最後の駅伝に心置きなく参加できる。

ぼくはそのどちらでもなかった。港北高校は県立だから陸上推薦はない。それがわかっているのなら受験勉強と陸上とをなんとか両立させようとするべきなのだが、中三の秋が終わり、冬になっても、ぼくは陸上中心の日常を変えられなかった。

駅伝はアップダウンのある公園で行われる。普段から裏山の道を練習で走っていたので、アップダウンのあるコースは得意だった。心肺能力が高かったのだ、と言いたくなるところだが、じつは後年になって、驚くようなことがわかった。

三十六歳のとき、呼吸するのがだんだんと苦しい感じになって、咳もとまらなくなり、咳をすると血が混じるようになった。社員がとにかく医者に診てもらってくれというので病院にいくと、良性の腫瘍が右肺の外側に見つかったのだ。そのおおきな腫瘍に強く圧迫されて右肺がまったく機能しなくなっていた。

「これくらいのおおきさになるまでには相当の時間がかかっているはずです。あなたが陸上競技をやっていた頃にはもうできていた可能性がありますね」と医師に言われた。手術で摘出すると、おおきな袋に入ったような状態で転移性はなかった。長さ三〇センチくらい、重さは七〇〇グラム。摘出すると潰されていた右肺は順調にふくらんだ。

中高時代に全力で走り切ると貧血状態になり、倒れこんで失神していたのは、医師が言うように腫瘍がなんらかの影響を与えていたのかもしれない。もし両方の肺がちゃんと働いていたら、長距離走者としてどうだったのか。記録がもっと、はるかによいものだったら、ファッションという仕事を選んでいなかったのだろうか、と手術のあとに考えたりもした。

無事に駅伝が終わり、中学最後の年が明けた。

さすがにもう受験と向きあうほかなかった。

自分の学力では受からないという判定でも、港北高校の陸上部に入りたい気持ちは変わらない。港北高校に願書を出し、入学試験を受けた。

結果発表の日になった。受験生がひしめくなかで、掲示されている合格者の番号の一覧を見あげた。数字を追っていくと、自分の受験番号が掲示されている。何度も目で確認し、番号を口にしてみた……。合格だった。

しかし、合格すればすべてよしではないことは、まもなく思い知らされる。港北高校に通いはじめ、授業を受けるようになってはっきりしたのは、自分が授業にまったくついていけないという現実だった。自分の学力に見合わない学校に受かってしまったのだから当然のなりゆきだ。そうとなれば、ますます陸上に集中するしかない。仮に授業を理解できたとしても、結局は同じなりゆきだったかもしれないが、退路を断たれた、という気持ちもどこかに生まれていたような気がする。

高校の陸上部の監督は、箱根駅伝で日本体育大学の黄金時代を築いた監督だった。駅伝の監督を務めながら、当時、港北高校の体育の教員も兼務していた。陸上部の練習が始まって早々、まだ高一になったばかりで、右も左もわからないうちから「大学は日体大に行こう」と心に決めてしまった。そのためにいま、ここでできることをする。ここにいるのは日体大で陸上に取り組むためのステップだ……。

樽町中学の陸上部に所属していたときもそうだった。港北高校の陸上部にいる自分をイメージする。そのための助走期間。ピークは少し先にあるのだ。そのための準備にいまは全力をあげる――この理屈の立てかたは、昔から自分の考えの癖のようなものだった。「ピークは先にある」と。

身長も伸びるだろう、筋力もついてくるだろう、レースの勘もついてくるだろう、タイムもあがっていくだろう、そのためにはいま極端な無理はしないで、できることをする。日体大に入る頃には自分の記録のベストが出るだろう。そして最終的にはフルマラソンに出場する。現役引退後は体育の教師になる。

思い込みは強いものの、がむしゃらになってまわりが見えなくなる、というのとは少し違う。気持ちは熱くても、頭はどこか冷静だった。

ガールフレンド

高校三年間は陸上一色だった。そこへひとつだけ加わったのは、高三になってから絵を少し習いはじめたことだった。

当時、つき合っていたガールフレンドの兄――彼も港北高校の卒業生――が美術大学に入って絵を勉強している、と知ったことがきっかけだった。

彼女は子どもの頃からピアノを習っていて、音楽大学をめざしていた。父親は教会の牧師、母親は幼稚園の先生、兄のひとりは美大、もうひとりの兄は有名私立大、夏休みは家族で長野にある湖畔の別荘で過ごす、という家のひとり娘だった。港北高校に通いながら、ピアノは横浜のミッションスクールで習っていた。普段は港北高校の制服だが、デートするときの彼女の私服はトラッドだった。それがすっかり自然で板についていたのは、そもそものようなお嬢さんだったからで、高校生になってもファッションにお金をかける気持ちがまったくなかった自分とでは、なんとも見た目は不釣り合いなカップルだったと思う。

元町でデートしたり、いっしょに映画を見たりした。彼女はたぶん子どもの頃から家族とともに横浜のあちらこちらに出かけて、おいしいものを食べ、買い物をして、散歩もして……という習慣だったのだろう。彼女とどこへ出かけても、その場所をよく知っていた。ここのケーキがおいしいとか、中華料理はこの店がいいとか。なにも知らなかったぼくは彼女に手を引かれるようにして「港の見える丘公園」に出かけたりしていた。

ぼくとつき合うことに彼女の父親は大反対だった。当時はもちろん、携帯電話などない。彼女が家の電話の、たぶん子機を使ってぼくと話をしていると、突然、親機を使ってなのか、彼女の父親が会話に割りこんできたりした。母親はどこかでぼくを受け入れてくれているようだった。湖畔の別荘にいっしょに連れていってくれたこともあった。

陸上一辺倒ではあったものの、彼女とのつき合いがそこに入ってきたことは、自分にとっておおきな日常の変化だった。

ところがその同じ年に、すべてが一瞬にして暗転することになる。

陸上選手としては致命的ともいえる骨折をしてしまったのだ。

大会の予選のレースの最中に足首の骨折をした。しかしテーピングをしてそのまま決勝に進み、骨折した部分をさらに悪化させてしまった。

いまの医療であれば、適切なリハビリを経て、復活する可能性もゼロではなかったと思う。

それでもぼくは、陸上をあきらめてしまった。

日体大の受験もかなわないことになった。陸上選手としての道筋だけを考えていたから、ほかの進路は選びようがなかったし、選んだとしても、その準備はまったくできていない。

前へ進むべき道が突然、見えなくなった。

大学を受けられなくなったぼくは、ヨーロッパを数ヶ月旅することになる。

彼女は音楽大学に入った。

ふたりはそれぞれの道へと歩みはじめた。

第2章

旅立つ

輸入家具商を営んだ祖父母

ぼくを生んだ母の両親、ぼくの祖父母は、神戸と東京で輸入家具商を営んでいた。

祖父はもともと、学校や市役所、裁判所などに椅子を納入する仕事をしていた。公的な場所で使われる椅子の納入だから、安定した着実な仕事だったのではと思う。リスクのない反面、さまざまな家具を扱うおもしろさには欠けていたのかもしれない。あるとき、祖父は、親しい友人が経営していた家具商が倒産寸前の状態にあると知ることになる。何を思ったか、祖父は友人に「自分が引き受ける」と申し出て、家具商の仕事を始めることになった。

ぼくが遊びにいっていた頃の祖父の店は輸入家具を中心に扱っていたが、引き継いだときからすでに輸入家具を扱っていたのかどうかは、よくわからない。いずれにしても、家具商を引き継いだのは日本が高度経済成長のまっただ中にある時期だった。百貨店が従来の家具とは別に、輸入家具も販売しはじめた時期と重なる。祖父のあたらしい仕事は、時代の流れにも乗って、順調に軌道に乗っていったのではないか——と、いまなら想像できる。

店で立ち働いていた祖父の姿はありありと記憶に残っている。その祖父の姿、表情からすれば、輸入家具商の仕事は好きでやっていたのに違いない。

店舗と倉庫は、祖父の故郷であった神戸の三宮と、東京の五反田にあった。取引先は北欧家具のフリッツ・ハンセンや、イタリア家具のカッシーナなど。輸入家具を中心に扱いながら、桐の箪笥や漆塗りの家具といった伝統的な日本の家具もクオリティの高いものを選んで取り扱っていた。百貨店への卸しが中心だったようだが、五反田のＴＯＣ（東京卸売センター）の八階と九階の二つのフロアのうち、八階には一般のお客さん向けに小売りする店舗スペースも用意していた。

両親が離婚したとき、ぼくと姉は父に引き取られることになった。それと同時に、二十歳になるまでは母親には会わせない、という取り決めがなされていたようだ。もちろん、当時のぼくはそんなことを知るよしもない。

そのかわり、祖父母に会うことだけは許されていた。小学校にあがる前から、父の母、おばあちゃんに手を引かれて、祖父母に会いに五反田のＴＯＣまで遊びにいっていた。

当時にしてはかなり長身だった祖父は、いつも仕立てのいいスーツを着て、帽子もかぶり、おしゃれでモダンだった。祖母はいつも着物を着ていた。祖父母に歓迎され、きれいな新品の家具が並ぶ空間を訪ねることは、子ども心にも気持ちのはずむものだった。家具はいい匂いがした。

ぼくを革のソファに座らせながら祖母は「これはバッファローの革だよ」と言う。素材に触らせてくれながら、「これはカーフといってね、子牛の革をなめしたもの。やわらかいでしょう」と教えてくれたりもした。

祖母の「漆は何百年も、もつものよ」、「桐の箪笥は古くなったら削り直せば、新しく生まれかわるの」という言葉は祖母の声の調子まで覚えている。祖母や祖父と接するうちに、自然と刷り込まれていったのは、世代を超え、長い時間にわたって使われてゆくものの価値だったのではないかと思う。

祖父母とは店の外に出かけて、いっしょにお昼を食べたり、誕生日にはプレゼントを買ってもらったり、お正月にはお年玉をもらったりもした。子ども心に、おじいちゃんとおばあちゃんは大きなお店をやっていて、お金持ちで、会いにいくと欲しいものをなんでも買ってくれる、と単純によろこんでいたのだと思う。四歳くらいのときにはまだ、自分を生んだ母になぜ会えないのか、という理屈も感情も育ってはいなかった。

あとになって知ったのだが、気づかれないようにこっそり店にやって来ていた母が、祖父母とやりとりをしているぼくをどこかから見ていたらしい。ぼくはそのことにまったく気づいていなかった。

父と再婚した母は、祖父母に会いに行くことについて、嫌な顔ひとつするでもなく「行っておいで」と送りだしてくれていた。父は別れた妻の実家のことだから、我関せずという態度を変えなかった。

　父と母の離婚という事態についてもう少し客観的に理解する年頃になると、ぼくは両親に気をつかうようになっていた。祖父母と会って帰ってきても、そのことについて無邪気に喋るようなことはしなくなった。誕生日に腕時計を買ってもらっても、「これ買ってもらったよ」とは言わない。ぼくが説明しないからといって、「その腕時計はどうしたの？」と親から質問されることもなかった。

　祖父の会社は、ぼくが高校生になる頃には関連企業もいくつかある規模の会社になっていた。オリジナルの家具の製造も始めていたし、地方に販売会社も持つようになっていた。

　しかし、いいことばかりではなかった。輸入先の海外の家具会社が自分たちで日本法人を立ち上げる動きが目立つようになったのだ。直接の販売ルートができるようになれば、祖父の店の売り上げはしだいに右肩下がりにならざるをえない。いったん翳りが出てくれば、家具ほど坪効率の悪い商品はない、という悪循環に陥ってしまう。

　高校生の頃、「坪効率」というものについて祖父が教えてくれたことがある。家具は他の商品にくらべて広い店舗スペースが必要になるが、その家賃と売り上げの関係を考えると、家具は効率が悪い――という話だった。その説明は、祖父の自分の仕事に対する客観的な評価と、その難しい仕事を成功させてきた自尊心のようなものとが、重なり合うものだったと思う。効率のよくない仕事でも、その仕事が好きだからやる。祖父から漂ってくる迷いのない気配は、ぼくの記憶のなかにいつまでも残っていて、消えなかった。

パリ行きと祖父の死

ぼくが十八歳で初めてパリに向かったそのフライトの日に、祖父は亡くなった。一九八五年のことだ。プラザ合意の年で、急激な円高が進んだ。日本がバブル経済へと向かいはじめる最初の年ということになる。

祖父はぼくのパリ行きには反対だった。高校を出ただけで大学にも行かず、目的もなくパリに行って、ブラブラしていたら駄目じゃないかという考えだった。なぜ明をパリに行かせるのかと憤慨して、親に電話までかけてきて、パリ行きを止めようとしたらしい。祖父を尊敬していたけれど、どう言われても諦めるつもりはなかったし、自分にはやめる理由がなかった。

祖母は、ぼくの興味の行く末に意見するでもなく、ただ見守ってくれていたように思う。祖父母の自宅は大田区洗足池にあった。その向かいの家にたまたまフランス人の家族が住んでいた。フランス語を習ってみたいと祖母に言ったら、「いつでも習えると思うよ」と言い、親しい近所づきあいをしていたらしいフランス人に事情を話してくれ、快諾してもらった。ぼくは昼間にお宅にうかがって、その家の奥さんからフランス語を習うことになった。

パリ行きが近づくとアテネ・フランセの短期講習にも通った。

それ以外の準備はとくになにもしなかった。いろいろ心配するところもある反面、根っこのところが楽観的なのだと思う。『地球の歩き方』に目を通すくらいはしたけれど、行けばなんとかなるだろうと思っていた。旅はいまも好きだし、初めて訪ねる国に出かけることも少なくないが、あまり事前に詳しく調べることはしていない。

成田発、アンカレッジ経由のパリ行きは、運賃が比較的安い大韓航空だった。

予定通りにパリに着き、無事を知らせる国際電話をかけると、受話器の向こう側から「おじいちゃんが死んだ」と知らされた。店で倒れたという。心筋梗塞だったらしい。

祖父が突然亡くなった驚きと、ただひたすら悲しい気持ちとに、足元をすくわれ、押し流されそうだった。もうひとつ別の感覚もわきあがってくる。それは、パリ行きに納得のいかない祖父に止められているのではないか、という重苦しい感覚だった。祖父に腕をつかまれたような感じといえばいいだろうか。もちろん実際のところは病気で倒れたので、その自分の感覚になにかの実体があるとまでは思っていなかったのだが。それはあくまで自分の気持ちの問題だった。

祖父を裏切った、という気持ちはなかった。いつか、どこかでのタイミングで、祖父はわかってくれるだろう、と思っていたし、祖父は自分の理解者だと信じているところがあった。祖父の山本家には、絵やデザインの世界に近い場所にいる人たちが少なからずいた。母は離婚後に女子美に入って絵の勉強を始めている。母の兄は日本画家だ。

自分は高校まで陸上一筋でやってきて、絵を習いはじめたのも高校三年になってからだった。ただ、ふりかえって考えてみると、絵についてはずっと、どこかで気になる対象ではあったのだ。

一歳年上の姉からは——後になってからだが——あなたは山本の血を継いでいるのかもね、と言われたことがある。美術やデザインというよりも音楽好きだった姉は、高校生くらいから軽音楽部に入って、当時流行りはじめたユーミンやサザンオールスターズの曲とかをギターやピアノで弾いたりしていた。姉は絵よりも音楽だった。その後、姉は日本女子体育大学に入り、保育科で勉強をして、保母さんになった。

ぼくはガールフレンドの影響で高校三年から美大受験のアトリエに通っていたものの、それは絵を少し勉強したかっただけで、美大を受験する気はさらさらなかった。美大向けの実技の勉強をしていたわけではないし、学科の勉強などもまるで何もしていなかった。

足首の骨折で日体大に行けないことになり、なんの展望もなくなったとき、フランスにエコール・デ・ボザールという高等美術学校があるのをたまたま知ることになった。フランスにある美術を教える学校というのはどういうところなんだろう、とにわかに関心をもった。そもそも日本で勉強しなければいけないのか、と考えはさらに飛躍して、まずはフランスに行って見てこよう、とはやる気持ちに火がついたのだ。

父とは日常的に、まったく没交渉になっていた。ぼくになにかを期待するのをやめたようだった。なんと言えばいいのか——なるべく強い感情をもたないようにしている、と感じた。なにを言っても関心を示すことはないだろう、とわかっていたから、フランス行きの希望は母に伝えた。

少しなら費用を出してくれそうだったが、それではとても足りないので、高校卒業を待たずに、デニーズでウェイターのアルバイトを始めた。深夜のシフトにも入った。

夏までにはフランスに行きたい、だから夏までにお金を貯めよう。そんな目標はとりあえず決まった。とはいえ、フランスに行くことは、長期にわたるぼくの将来の目標ではない。その先で、自分がいったいどうなっていくのか。その直接の答えがフランスで待っているわけではないだろう。まわりの同級生は大学に行くことが決まり、決まらなかったとしても浪人生活が始まり、来年を期する目標がある。ガールフレンドと別れることになったのも、真剣に取り組む具体的な目標が自分には定まっていないことが影響を与えたのだろうとわかっていた。

　パリ行きを準備しながらも、出発の日が近づくにつれて、自分が落ちこぼれになっていくような気がしていた。でも、日本を離れてしまえば、そんな気分から遠く離れられるのでは、と思っていたかもしれない。

パリ、ルーヴル

　寝泊まりする家は、短期留学を斡旋する旅行代理店を通じてホームステイ先を探し、決めた。パリ近郊のヴェルサイユにある家で、ホームステイを生業にしている老女が家主だった。老女には息子がふたりいた。

　ぼくと同じくホームステイしていたのは、イタリア人とオーストリア人の若者ふたりだった。彼らも語学学校に通っていた。ところがイタリア人はそもそもラテン系だから、フランス語の勘が働いて、家族ともそこそこ会話ができている。オーストリア人も同じヨーロッパ人だから、ぼくよりもはるかにやりとりができて、不自由を感じている気配がない。ところがぼくは日本でフランス語の初級程度の勉強はしていたものの、実際のやりとり、会話はそう簡単にはいかなかった。フランスに到着早々、ここでも置いてけぼりにあっているような気持ちに襲われた。なんとかなるだろうと思っていたものの、言葉の壁は高く、簡単にはいかない。うまくいかないな、駄目だな、と不安でいっぱいになっていった。

そんな日々のなか、毎日足を運んだのがルーヴル美術館だった。

学生証で年齢の確認ができれば、ただ同然の入場料だったから、毎日のように通うことになった。しかも美術館は、誰とコミュニケーションをとる必要もない。たったひとりで、黙って展示されているものを見ていればいい。それだけの豊かさ。なんの不安もなかった。ルーヴル美術館が自分の居場所になっていった。いま思い返しても、十八歳のときに毎日ルーヴルに通った経験は、その後の自分にとって、山に降りそそいだ雨のようなものだったかもしれないと思う。雨は山に浸み込み、地下の水脈を通り、やがて地表に湧き出してくる。長い時間をかけて現れてくるなにかを、ルーヴルはぼくに与えてくれた。

なかでもいちばん惹かれたのはエジプト美術だった。何度見ても、まったく飽きることがなかった。あのように完璧なガラスや、壁画の白のまばゆさが、紀元前の時代にすでに完成していたことへの驚き。壁画に使われている塗料は五千年近く時間が経過しても変色しないで保たれている。そして、いまの技術で、いまの人間があのようなものをつくることができるかといえば、おそらくできないだろう。芸術品として、その美意識に打たれるというよりも、当時の人間のつくりだしていた、創造の力とでもいうべきものに、こころを動かされた。

エジプトで使われていた道具にも魅入られた。農耕に使われた犂、楽器や化粧道具、筆記用具や彫刻刀、お椀やカゴ、椅子など、使われることが前提のかたちが、完成されていて、しかも洗練されている。西洋絵画もすばらしいけれど、繰り返し見て飽きないのはエジプト、アフリカ、オセアニアのエリアにある展示品だった。

ファッションショーを手伝う

同じ語学学校に、JUNKO KOSHINOの元社員で、パリに語学留学に来ている女性がいた。彼女は退社していたが、パリコレクションの手伝いだけはすることになっているという。人手が足りないから手伝ってみないか、と彼女に誘われた。

アルバイト代を聞くと、当時の自分にはびっくりするほど高かった。あの頃は世の中全体がそうであったように、日本のアパレル業界も景気がよくて、服をつくればつくっただけ売れたという時代だった。猫の手も借りたい忙しさだったのだと思う。仕事の内容というより、アルバイト代を聞いて手伝うことを決めた。パリから足をのばして、ヨーロッパのほかの都市にも旅をしてみたいと考えはじめていた矢先でもあった。

おもに担当したのは、服をモデルに合わせる、丈のお直しだった。パリコレクションの準備中、オーディションを受けたモデルに服を着てもらい、「もうちょっと短くして」「ここを縫いつけて」などと指示されて、その通りに縫うのだ。

洋裁などやったこともない。針仕事は小学生の家庭科でやって以来のことだった。しかも得意かといえば得意じゃない。でも、言われるままに一生懸命やるしかない。

毎日アルバイトに通ううちに、型紙を引くパタンナーのチーフに声をかけられるようになった。いまもJUNKO KOSHINOで働いておられ、お付き合いはつづいている。このアルバイトから数えれば三十年以上のお付き合いになる。ミナ ペルホネンの展示会があるたびに、いまもご夫妻で来てくださる。

当時はパタンナーのチーフだった彼が、「ファッションのことを勉強したいのだったら、文化服装学院なら夜間部もあるし、昼間働いて、夜勉強すればいいんじゃないかな。もしうちにアルバイトに来たかったら、いつでも来ればいいよ」と声をかけてくれた。たぶん軽い気持ちでのお誘いだったと思う。それなのになぜか、すーっとその言葉が耳に入ってきて、自分のなかに波紋のようなものを描くことになり、なんらかの作用が働いたのだ。ファッションを勉強することについて、ファッションの現場でひきつづきアルバイトすることについて、真剣に考えはじめている自分がいた。

縫ったりするのは、けっしてうまくない。うまくできないことは、なかなか覚えない。上達するのに時間がかかる。だから逆に、こういう仕事は自分にとって、長くやっていられそうな仕事だな、と思ったのだ。うまくできないことだからこそ、ずっとつづけられるんじゃないかと。妙な考え方だと思われるかもしれない。スキルとかキャリアアップの発想からすれば、得意でないものを四苦八苦してやっているのは効率も悪いし、ストレスだし、得るものが少ない――そう考えるのが普通だろう。でも、そうは考えなかった。この仕事は自分の得意なことではないから、長くつづけられそうだ、と当たり前のように思う自分がいた。

まわりの人にはできて、自分にはできなかったことが、一週間、二週間とつづけているうちに、だんだんできるようになる。この過程、この変化は、思っていたよりはるかにうれしいことだった。できない劣等感よりも上達するよろこびのほうがおおきいのだ。パリコレクションのアルバイトの二週間で、その手応えのある実感を骨身にしみて味わった。JUNKO KOSHINOのスタッフの人たちが、忙しくてもカリカリせず、つきあってくれたこともおおきかったと思う。

仕事のスピードが遅かったから、気がつくともう終電になって帰れない時間になってしまう。パタンナーの人や中心的なメンバーから「泊まっていきなさい」と言われるようになり、アパルトマンの空いている部屋で仮眠をとるようになった。朝、起きだしてリビングルームに行くと、コシノジュンコさんがすでに朝食のお粥を用意してくれていて、中心のメンバーといっしょにテーブルについて食べることになる。アルバイトなのにあつかましい、という雰囲気はまるでなく、混じって淡々と食べていた。ファッションについてなんの知識もない、そういう場に平気でいられる度胸もない、積極的にしゃべるでもなく、そこに座って食べている。ただ見ること聞くことのすべてが興味深くて、そこに混じっておとなしくしているだけでも、すべてが他では得られないものばかりだった。なんで自分はこんなところにいるんだろう、と思いながら、そこにいるあいだに見たり聞いたりすることは、残らず自分に浸み込んでいくようだった。

　パリコレクションの当日になり、ステージ裏でぎりぎりまで指示されたことをこなしているうちにショーが始まる。その年のコシノさんのデザインには宇宙的、スペーシーな要素が取り入れられていて、モデルの着ている服のなかに蓄光ライトのチューブが縫いこまれてあった。ステージに出る前にチューブをポキポキと折ると化学反応が起こり、蛍光色があざやかに光りだす。背の高いきれいなモデルがその服をまとって出て行くと、満員の客席から拍手喝采が起こった。準備にずっと加わっていたのに、始まったショーはまるで見たことのないものだった。目の前で動いているもの、耳に入ってくる音楽、わーっと反応するオーディエンスの声や拍手もふくめて、自分がこれまでにかかわってきた世界とはまるで縁のないものばかりだった。ただただ、興奮していた。なんだろうこの世界は！　と驚きながら、自分のなかに未知の感覚がひらかれていくのがわかった。

骨折をして陸上を辞めたときから、行き先がなくなった自分をどうにかしたいと思っていた。行き先がないままでは、自分の未来が見えてこない。それもわかっていた。かといって、自分が行く先に向かって開けるべきドアのようなものが、いったいどこにあるのか――ドアの場所さえわからないありさまだった。

このパリでのアルバイト以降、自分のブランドを始めるまで、いくつかの仕事をすることになる。しかし、それはいつも「手伝わないか？」と声をかけられて始まるものばかりだった。自分でドアに向かって近づいていってこじ開けた、というのではない。ドアは壁と見分けがつかず、ノブもついていなかったからだ。壁の手前で自分にやれることをやっていると、壁と思っていたドアが向こう側から開いた。そしてドアの向こう側から、「入ってみるかい？」と誰かが手招きし、声をかけてくれるのだった。

自分にとっては偶然のようななりゆきにまかせるうちに、次の偶然のなりゆきが待っている。若くて経験の浅い自分が、強い意志をもって「これだ」と突き進むことと、自分よりも経験のある大人から、「これをやってみるかい？」と差し出されて始めることとでは、おおきく違う。それは、たしかなことだと思う。ふつうは前者のほうが、自分で未来を切り拓く姿勢ということになるのだろう。自分は声をかけられたほうに進んでみようと思ったのにすぎないし、それはたまたま運がよかっただけだ、と言われるかもしれない。

でも本当に、自分のことは自分がいちばんわかっているのだろうか。

他人は案外、自分の姿をよく見ているものではないか。ひょっとすると、自分が思っている自分より、正確に見ていることだってあるのではないか。パリでの最初のアルバイトから三十年以上が経ったいま、そのことをあらためて考えている。もちろん当時は、そこまで深く考えていたわけではない。偶然のなりゆきに驚きながら、ただ従っていただけかもしれない。でも、声をかけられたことに、いまも感謝している。自分も、声をかけることのできる人間でありたいと思う。

いずれにしても、偶然のなりゆきで得た仕事によって、実際に働いてみて、働くとはどういうことなのかを発見することになったのだ。働くことの意味は、働きながら、だんだんと、肌身で理解してゆく。少なくとも自分にとっては、それが、働くということだった。

スペインへ

パリでのアルバイトで思わぬ収入があったので、スペインに旅行することにした。バルセロナ、マドリード、トレド。行ってみたい町はいろいろあった。

パリから電車に乗ってバルセロナに向かう途中、片足が義足の五十代くらいのおじさんが車内に入ってきた。荷物の積み下ろしに手こずっていたから、手をかした。しばらくすると、おじさんが声をかけてきた。「おまえ、どこで降りるんだ。今晩、泊まるところはあるのか」と。バルセロナのユースホステルに泊まるつもりだと言ったら、そんなところに泊まらないでもいい、おれがホテルをとってやるからと言って、バルセロナに着いたところでその人と同じホテルに泊まることになった。

ホテルに着いて夜になると、おじさんが「飲みにいこう」と言う。バルセロナの、いま思えばよからぬエリアにおじさんはためらわずにどんどん入っていって、売春宿らしきところに着いた。おじさんはプロフェッショナルな感じの女性と慣れた様子のやりとりをすると、そのままふたりで消えてしまった。事態は察したものの、十八歳の自分にはそんな経験値などない。ひとりになったとたん不安になり、黙ってホテルに戻った。翌朝、おじさんには声もかけず、ホテルをひとりで出ることにした。偶然の出会いが、いいことばかりにつながるわけではない。

バルセロナはパリのように物価が高くなかった。安いホテルなら泊まっても千円前後。チキンの丸焼きにプラスしてサラダやスープをとってもせいぜい五百円くらい。町の奥や裏側に行かなければ、気楽に過ごせる町だった。

バルセロナの滞在中に見たものでは、なんといってもアントニオ・ガウディのサグラダ・ファミリアが衝撃的だった。想像していたよりもはるかに壮大で、これだけのスケールのものを二百年以上かけて完成させることになるらしい、と当時の説明を見聞きして、言葉で理解しようとしても、まだおおきくはみ出す力をもっている。労力をかけつづけるその時間感覚は、人の一生を超えるものだし、世代すら超えてゆくものだ。教会という特別な目的、場所であるとはいえ、ものづくりの完成や到達に、普通とはちがう別の論理が働いている。人間がものをつくることの、いちばん破格なもの、それでいて、ものをつくることへの最上級の信頼の姿を、見上げるような気持ちで見た気がした。

マドリードではピカソの「ゲルニカ」を見た。プラド美術館にはゴヤの代表的な作品がいくつも展示されていて、彼の絵に浮かんでくる恐ろしさというのはどこから来るんだろう、と絵を見ながらしきりにそのことを考えていたのを覚えている。パリにいたときよりも、絵を見たいという気持ちが少しつよくなっていた。どうしてなのかはわからない。コントロールされているようで、コントロールしきれないものが溢れてくる、そういう絵の力をピカソもゴヤももっていた。

トレドは町や建物、景色全体を見ていて飽きなかった。中世の時間がまだ漂っているようでもあった。象嵌細工のダマスキナードのように、アラビアの洗練された文化、工芸が長い時間をかけて守られてもいるいっぽうで、対極的に素朴な土人形のような造形も同じ町のなかにある。古いものが、いまの時間のなかにしっくりと存在しているのは、町も人々も寛容だからではないか。古いものへの愛着もきっとあるだろう。当時の自分がそう思ったかどうかはわからないが、いま記憶をたどりなおすと、そんなことを感じる。

もともと旅が好きだったわけではない。電車旅に慣れていたわけでもない。でもパリから電車に乗ってスペインに行き、帰ってきて今度はフランス国内のボルドーに行き、また帰ってくる、ということを繰り返すうち、自分が旅を楽しんでいることに気づくようになった。いまも時間をつくっては旅をしているが、あのときの旅が、いまの旅好きの自分の原型をつくったのだろうなと思う。

パリのなかでは野宿もした。コンコルド広場のベンチで寝てみたらどうだろう、と突然思って、ホームステイ先に今日は帰らないと電話だけ入れた。なにが目的というのではなく、ここで野宿してみたらどうだろう、と想像したら、やってみたくなったのだ。パリに着いたばかりの頃の自分には、とてもできないことだった。ただ、八〇年代半ばは、ヨーロッパの空港やディスコでテロがあり、じつは警備は厳重だった。コンコルド広場のベンチで眠っていたら、突然男の声で起こされた。目をあけると、目と鼻の先に機関銃の先が向けられていた。ショックだった。機動隊に不審人物として見られてしまったらしい。すぐその場を去らねばならなかった。

ベンチにはいられなくなって、地下鉄に降りてゆく階段に行った。終電になるとシャッターが降りてしまうのだが、シャッターの手前までは階段スペースがある。そこには何人かのホームレスがいた。そこなら大丈夫だった。朝になるまで、ぼくは彼らとそこで眠った。

パリとその周辺を旅しながら、自分はファッションの世界で働きたいと考えはじめていた。美術の勉強をするのではなく、縫製の仕事に就くために、具体的なことを始めよう、と考えが固まりつつあった。来年の春から文化服装学院に入る。そこでファッションについて学び、自分に縫製の力をしっかりつけること。

帰国したら、その準備を始めようと考えていた。

帰国することになり、両親が成田空港まで迎えに来た。

父はぼくの顔を見るなり、「おまえ、変わったな！」と言った。夏の日差しを浴びて日焼けしたということもあったかもしれない。でもたぶん肌の色のちがいではなかったと思う。自分で言うのもなんだが、度胸がついたのだ。それが表情や態度ににじみ出ていたのではないか。

帰りのクルマのなかで、いろいろ質問された。当時はメールなどなかったし、国際電話も料金が高かったから、滞在中のことを両親はほとんどなにも知らない。JUNKO KOSHINOのパリコレクションの手伝いのアルバイトをした話をすると、「なんでおまえがそんなことできたんだ？」と驚いたような声で言い、その声には同時によろこんでいる響きがあった。ひとりで初めてヨーロッパに行って、帰ってきたぼくの様子や態度を見て、いい旅をしてきたらしいと感じ取ったのだろう。短期間にいろんな経験をしたことを、断片的にではあっても自分の言葉で伝えることができたのも、これまでにはなかったやりとりだった。

パリに着いた日に祖父が亡くなったこともあって、帰国してからは、洗足池の祖母の家を頻繁に訪ねるようになった。いっしょにご飯を食べたり、旅のあいだのことを話したりした。

デニーズのアルバイトも再開した。春になって文化服装学院に入るとしても、お金がかかるし、また休みを利用してヨーロッパにも行きたい。まだ半年くらいある間に、なるべくアルバイトをして、お金を貯めようと思った。夕方から明け方までのシフトに入って働き、昼間は祖母の家に遊びに行ったりしていた。

帰国してから変わったのは、「流行通信」や「ハイファッション」などの雑誌を読むようになったことだ。毎日のようにページをめくって、自分はこういう世界のなかで働きたい、という気持ちで雑誌の隅から隅まで何度も見て、記事も丁寧に読んだ。

デザイナーになる気持ちはまったくなかった。コシノジュンコさんの姿を見ていたから、自分があんな華のある、芸能人のように注目される職業に就くなど想像もできなかった。自分は縫製を担当する人間として、ファッションの世界を下から支えようと考えていた。

旅をしながら自分で発見したのは、物怖じしないこと、人とのコミュニケーションも得意というわけでもないのに、気がつくと親しくやりとりができる人懐っこいところが自分にはある、ということだった。野良猫なのに、しゃがみこんで手を差し出されると、ぐいぐいと頭をこすりつけて、そのうち撫でられるままにされているタイプの猫。

小学生の頃の自分も、すでにそういうところがあったのだ。日曜日の早朝に用務員室を訪ねていって、体育館の鍵を開けてもらったり、お茶をご馳走されたり、ビールを差し入れたりしていた。人に力を借りる。そのためには先方がよろこんでくれることを考える。いまもしばしば、業種の異なる人たちと協業のようなことをするのも、その延長線上にあるような気がする。

そう簡単にはいかないかもしれないという仕事でも、直感的にやってみたいという気持ちさえあれば、意外なほどあっさり話がまとまってしまう場合があるのは、十代の頃の自分の行動とどこかで繋がっているのかもしれない。

実際に仕事が動きはじめたら、アトリエのスタッフにおおいに助けてもらうことになるのだけれど。

第3章　学ぶこと

文化服装学院夜間部

高校を卒業してから一年後の四月、新宿の文化服装学院の夜間部に通いはじめた。

パリにいるあいだ、JUNKO KOSHINOのパタンナーのチーフが薦めてくれた進路に足を踏み入れることになった。ふつうに大学に進んだ友人たちより、一年遅れたスタートだった。不思議と劣等感はなかった。かといって、なんの自信もなかった。この一年の経験といえば、ヨーロッパをちょっとまわって見てきただけ。文化服装学院でファッション分野の専門的な勉強を始めることで、自分の足場のようなものをまずは持ちたい、という気持ちはあったと思う。

文化服装学院の夜間部では、一年次で図面の引き方からシャツの縫い方まで基礎的なことを学び、二年次でデザイン科とパターン科に分かれて、それぞれの専門的なことを学ぶ。

デザイナーになるつもりはまったくなかった。ショーのいちばん最後にステージに登場して、脚光と喝采を一身に浴びるコシノジュンコさんの姿が目に焼きついていたから、よけいに「自分にはありえない」と思っていた。あのイメージを自分に重ねることなど、とてもできない。

デザイナーが無理だとしても、縫製などの専門的な技術なら、時間をかけて努力すれば、不器用な自分でもなんとか身につけられるのではないか。デザインはゼロから生み出していく仕事。パターンはそのデザインを最大限に活かし、立体に形づくる型紙を起こす仕事。後者の仕事のほうが自分に向いていることは明らかで、迷う余地はなかった。

文化服装学院の夜間部の一年生は、三十人ほどで、男性は二割にも満たなかった。週に三回、たしか火木金の夕方六時から八時半までが授業。全員がプロをめざしているような昼間部とは違って、夜間部には大学とかけもちしている学生もいれば、自分の洋服を自分で手作りしたいから、という人もいた。世代にもばらつきがあり、それぞれに個別の背景と動機がある人たちが集まっていた。

学習院大学で物理学を専攻している繊維問屋の息子もいた。ゆくゆくは親の跡を継ぐためにファッションの基礎を勉強しておきたい、だから夜間部に通うことにしたのだという。彼とはしだいに親しくつきあうようになっていった。あれから長い時間が流れて、彼はいま、ミナ ペルホネンでぼくといっしょに働いている。文化服装学院の同級生だったふたりがのちにこうなるとは誰が予測しただろう。人生はいつなにが起こるかわからないものだ。

授業のない朝から夕方までは、中野区鷺宮の縫製工場に勤めることになった。

縫製の仕事をしようと働き先を探しているうちに、アルバイト情報誌で見つけたのが鷺宮の縫製工場だった。工場とはいっても、訪ねてみたらアパートの一階の何部屋分かの壁をすべて取り払って改装した場所だった。そこは生地の裁断をする作業スペースになっていた。教えてもらいながら働きはじめたぼくは、なにかに疑問や不満をもつことなく、ただ手を動かしはじめた。担当することになったのは縫製ではなく、布を型紙どおりに切る裁断の仕事だったから、シンプルな作業に夢中になれた。

学校に通うようになり、そして工場で働くようになり、あらためてぼくは自分が不器用だと思い知らされることになる。文化服装学院の課題も、自分では満足に縫うことができず、友だちに縫ってもらうことすらあった。たとえばポケット。ポケットひとつつくろうにも、手順が覚えきれず、途中でわけがわからなくなる。普通に考えれば、この仕事は自分に向いていないと思うだろう。

ファッションを仕事にしようと思い定めたとき、ひとつだけ心に決めたことがある。それは、「絶対にやめない」ということだった。

そもそも、苦手なことをしようと決めた理由は、数年ではなく数十年もつづけてやっていれば、なんとかなるだろうと思ったからだ。それを途中で投げ出してしまったら、自分の人生を相当つまらない、軽いものにしてしまうのではないか。そのときうまくいかなかったり、評価が低かったりすることよりも、それはずっと悲しい事態であるような気がした。

その考えは、ずっと変わらず自分のなかにあった。ブランドを立ち上げることになってからの数年間、服の仕事ではまったく食べていけず、魚市場でアルバイトをして食いつなぐことになるのだが、「絶対にやめない」というシンプルな決意と自覚が支えのすべてだった。決めた軸を動かしてしまったら、そこから先の自分がどんどん崩れていってしまうだろうという恐れのようなものがあった。やめてしまったら、同じ失敗や挫折を繰り返す人間になってしまうのではないかと。

苦しい時期になんとか耐えていくことができたのは、中学高校の六年間の陸上での経験があったからかもしれない。自分の可能性が最初から見えていたわけではなかった。顧問の先生が今日や明日の記録ではなく、陸上選手としての成長を考えた長期的な視点に立って指導をしてくれた。その結果、自分の記録を伸ばすことができた。新記録を出すことも、人をうならせる成績を残すこともなかったが、自分の成長を自覚できたのはおおきかった。ファッションの仕事においても、少しずつでも成長できる、と想像することが、自分を助けてくれたと思う。

縫製工場では、熟練の裁断師の仕事ぶりに、まず目をみはらされた。百枚ほど重ねた布を、よく研いだノミのような専用の刃物で、重ねたまま切ってゆく。はさみでは布が先へ先へと逃げてしまうのだが、ノミは下まで垂直に刃を入れられるので、特大の缶切りのようにザクザクと切ってゆくことができる。動きに迷いがなく、正確で、切られてゆく布の断面が美しい。この裁断師のように自分もなりたい、なれるだろうかと思いながら働いた。

裁断の担当は十名ほど、縫製の担当と「まとめ」という仕上げの担当を合わせると全部で三十名くらいの人たちが働いていた。裁断の作業は大きなテーブルに三メートルほどの布を敷いて、そこに型紙を置き、ずっと立ったままの手作業でカットしていく。バンドナイフという電動ノコギリのような道具を使うこともある。多少の危険をともなう力仕事なので、担当は男ばかりだった。

手がけていたのは、pierre cardinやGivenchyなどヨーロッパのオートクチュールのライセンス商品だった。いわゆる「高級プレタポルテ」というジャンルで、その工場が高級プレタポルテを受注していることはわかっていた。せっかくなら良いものをつくっているところでと考え、その工場を選んだのだ。

高級品を扱っているので、裁断も厳密だった。数ミリずれるともう使えない。布を百枚重ねて、いちばん上といちばん下を寸分違わぬ形に裁断するには、徹底的に刃物を研ぐことが欠かせない。そうして研ぎ上げた刃物は、布の上にぽんと置くとそれ自体の重さですーっと落ちていくほど切れ味が鋭い。

どんなに注意深くやってもわずかにずれてしまうことがある。そうすると縫製の担当がわずかなずれを律儀に見つけだし、こちらに返してくる。百枚の布をムダにすると大損害になるから、バンドナイフを使う裁断はぼくのような駆け出しにはまわってこない。最初のうちは、ずれにくい綿麻の生地を電動ノコギリで裁断する仕事から担当することになった。シルクなど柔らかい生地はずれやすく難易度が高いから、熟練の人が担当する。少しずつ経験を積んで腕をあげていき、ぼくも最後にはシルクのような柔らかい生地もまかせてもらえるようになった。

朝八時から夜七時か八時まで、時給は当時六百円だった。学校のある日は五時であがるから、月十万円に届くか届かないかだったと思う。一九八六年の末くらいにはバブル経済が本格化しはじめていた。あるアパレルメーカーの社員には、希望すれば会社から高級車が貸し出されるとか、銀行の新入社員のボーナスは百万円を超えた、などという話が聞こえてくることもあった。

そんな景気のいい時代に、町の縫製工場に勤めながら専門学校に通っている息子を、父はどう思っていたのだろう。働いていること自体は否定しなかったが、給料の額を訊かれたこともなかった。ぼくの将来におおきな期待などしていなかったのかもしれない。自活できる給料ではなかったから実家で同居していたけれど、ほとんど口もきかないような日常だった。

学校が新宿にあったので、夜の授業が終わると遊びにでかける同級生もいた。世の中はバブル景気に浮かれているように見えた。誘われて一、二度、ディスコに行ってはみたけれど、なんだか居心地が悪く、おもしろいとは思えなかった。いまだにカラオケにもクラブにも行くことはない。夜の遊びの習慣は結局、身につかなかった。

工場で働きながら、もっとたくさん稼ぎたいという気持ちにはならなかった。経済的にはあまり余裕がなかったが、月に一度くらい贅沢することをたのしみにしていた。いまも代官山にある「マダム・トキ」というフランス料理店で食事をすることだった。

当時、マダム・トキの何軒か先に、JUNKO KOSHINOのメンズの店があった。パターン部門の部長が忙しいときに声をかけてくれ、短期間だけ臨時に店を手伝ったりすることがあった。セールの際には服を持たせてくれたりもした。なにかと気にかけてくれ、たびたびお世話になった。メンズの店の地下にはイタリア料理店「ビヤンコエネロ」が入っていて、部長に連れていってもらいご馳走になった。西洋料理というものに目覚めるきっかけになった。そしてメンズの店のすぐ近くにフランス料理店「マダム・トキ」があり、やがて自分でも足をはこぶようになった。そこではじめてシノンのワインを飲んだことを覚えている。こんな世界があるのかと、すっかり心を奪われてしまった。

工場で働いている頃は、月に一回程度、マダム・トキに通った。あとは立ち食い蕎麦でも吉野家でもよかった。十九か二十歳だったけれど、当時から食には関心があったのだなと思う。いまも月に二、三度は、好きなレストランに足を運ぶ。毎日では体によくないだろうけれど、たまの贅沢な食事は、ぼくにとって生きるよろこびのひとつになった。

初めてのフィンランド

文化服装学院に入学した翌年の二月、フィンランドとスウェーデンに旅をした。これがぼくと北欧の初めての出会いだ。もう三十年以上も前のことになる。

ぼくをフィンランドに結びつけたのは、marimekko（マリメッコ）だった。祖父母の輸入家具店がmarimekkoのテキスタイルも扱って、デパートなどに卸していた。明るく大胆なmarimekkoのテキスタイルデザインがきれいだなと思い、フィンランドのブランドだと知って、意識するようになった。フィンランドについては具体的にはなにも知らなかった。北欧のそれぞれの国がどこにあるのか、各国の違いや特色もわからない。でもまずはフィンランドに行ってみようと思ったのだ。

ユースホステルの会員登録をして、ヨーロッパの鉄道を周遊できるユーレイルパスを購入した。JUNKO KOSHINOのパタンナーの方から、またパリコレクションの手伝いにこないかと誘ってもらっていたので、最終目的地をパリにした。一九八七年一月、航空会社は運賃の安いアエロフロートを選び、まずヘルシンキまで飛んだ。フィンランドとスウェーデンを旅して、次にユーレイルパスを使ってオランダ、ロンドンと電車や船で移動し、最後にパリに入ってJUNKO KOSHINOのショーの仕事を手伝い、帰国するという旅程だ。

フィンランドのなかをどう旅するかは決めていなかった。まず、国内でいちばん寒そうなところへ行ってみようと思い、北極圏の町、ロヴァニエミを目指した。厳冬期の二月のことだ。

ロヴァニエミへと向かう列車のなかでお腹を空かせていたら、ごはんを食べているフィンランド人のグループが、ぼくを手招きしておすそ分けしてくれたりもした。笑顔だけど少し恥ずかしそうな表情もしている。そして親しみがわいてくる独特の雰囲気。東洋からやってきた正体不明のぼくのような人間にも、分けへだてがない。列車の外ははりつめたような寒気だけがおおっていたが、ぼくは彼らのおかげでぬくぬくとした気持ちに満たされていた。

駅に到着して列車を降りると、頬や耳、鼻の先がちりちりとする寒さだった。このエリア全体は先住民族のサーミ人の文化圏内でもあって、歴史は古い。厳冬期の北極圏はマイナス三十五度の世界。そんな世界の果てにもユースホステルはある。ぼくのほかには滞在者がもうひとりだけいた。世界一周をしている途中というアメリカ人の元教師だった。自然と声をかけあい、いっしょに北極圏のエリアを旅したあと、彼はどこか次の目的地に旅だっていった。

ぼくはロヴァニエミにそのまま残り、毎日、図書館に入り浸っていた。当時は知らなかったけれど、そこはアルヴァ・アアルト設計の図書館だった。アアルトという建築家のことも知らないまま、ふしぎな居心地のよさが気に入ってしまい、その北極圏の図書館で好きな画集を見たりしていた。

ソイレ・ユリ＝マユリュというフィンランドの女性画家の画集を見つけたのだ。輪郭はどこか人のような線を描いていて、赤やオレンジなど強い色を使った油彩の抽象画に、ふしぎなことに日本語が添えられている。なぜ日本語が？　と思って奥付を見ると、神宮前のワタリウム美術館が出版した画集だとわかった。

画集のなかに、こんな言葉があったのを覚えている。

「芸術家には誰でもなれる。しかし、芸術をつくることは一生かかってもできないかもしれない」

芸術家であっても、芸術をつくることができるとは限らない。芸術に対する憧れのようにも、畏れのようにもそれは聞こえ、つよい印象が残った。フィンランドの図書館のしんとした空気とともに、ときおりその言葉を思いだす。

ヘルシンキの港に行くと、冬場だけ停泊している船がカフェを開いていた。通貨もまだユーロではなくフィンランド・マルッカの時代だった。ほんの百円ほどでコーヒーが一杯飲めた。時間ならいくらでもあったぼくは、カフェでコーヒーを飲みながら、あたりを歩く人たちをずっと眺めつづけていた。携帯もスマホももちろんない時代だった。どこにも、なにともつながらないまま、ひとりでただ黙々と異国の真冬の光景を見ていた。

その船の人たちといつしか話すようになった。コーヒーしか頼まずにいると、これも食べろよ、と食べものを出してくれた。やがて厨房に招きいれられて、毎日、まかない飯のようなものを食べさせてくれるようになった。ヘルシンキを発つとき、おたがいに別れを惜しんだ。彼らからは船のロープをとめておく滑車をプレゼントされた。店名の「Helga」が刻印されたプレートを滑車に貼りつけて。どんなつもりで渡してくれたのか、この店を覚えておけよ、ということはもちろん、もうひとつは若いぼくに対する励ましのようなものだったのだろう。わざわざ言葉にしなくても、彼らの気持ちがそのまま伝わってきた。プレート付きの滑車は、いまもぼくの手元で大切に保管してある。

いよいよフィンランドを離れる日となった。陸路ではなく、船でスウェーデンに向かおうとしていたとき、乗船所への行き方がわからなくなって出航時間に遅れそうになった。たまたま通りかかった人に声をかけて聞くと、「それは大変だ」と顔色を変えて、乗るべき船が停泊している場所までクルマで連れていってくれることになった。シャイなところはあるものの、フィンランド人には親切な人が驚くほど多い。何度ありがたいと思ったことだろう。ぎりぎりだったが無事乗船ができ、船はまもなく音もなく港を離れていった。

フィンランドにはそれから何度となく足を運ぶことになる。いまはぼくの第二の故郷となった。

marimekko

フィンランドの旅での経験には、その後の自分のデザインの仕事におおきな影響を与えたものが少なくない。

ヘルシンキではmarimekkoのお店にも入ってみた。祖父母の店でも扱っていたmarimekko、しかも本場のmarimekkoだ。店内に入るだけでも胸が高鳴った。店内には布とシンプルな洋服が整然と清潔に展示されていて、その色とかたちに満たされた空間にいるだけで豊かな気持ちになった。

値段は決して安くはない。それでもどうしてもほしくて買ったのが、当時クリエイティブ・ディレクターだった石本藤雄さんがデザインした布だった。marimekkoのテキスタイルの端には、担当したデザイナーの名前とデザインされた年が記されている。そこにFujio Ishimotoとあるのを見て、ああ、これは日本の人がデザインしているんだ、と驚き、うれしくなった。石本藤雄さんとはのちに知り合うこととなり、いまではフィンランドに行く機会があれば、時折お目にかかるようにもなった。

ミナの理念や運営のスタイルは、marimekkoから大きな影響を受けたと思う。短期的に消費されていくデザインではなく、たとえば半世紀前につくられたものであっても、それがよいものであるならば変えずにつくりつづける。それがmarimekkoのデザインの考え方だ。そのような姿勢で取り組む仕事なら、自分にもできるかもしれない、やってみたい——そのときの気持ちは、なんのあてもないものだったけれど、いまの自分のなかにも、同じようにある。その種を蒔かれたのは、このフィンランドの旅だった。

重ね置きができるスツールの名作として、日本でもよく知られているスツール60も、フィンランドの建築家アルヴァ・アアルトが、設計した図書館のためにオリジナルにつくったものだ。一九三三年のデザイン。ひとつのデザインが定番化されると、そのまま変わらず、あたりまえのように利用されつづける。長く愛用されることで、そのデザインの価値も高まっていく。

いっぽうパリコレクションの裏方として見たものは、シーズンごとにめまぐるしく変わるファッションの最先端だった。こちらにも驚かされた。ファッションの世界につよく惹かれたきっかけとなった光景だ。自分がどちらにより深い共感を覚えるのか――。フィンランドを旅するなかで、自分のこころの動き、向かう方角をはっきりと感じることができたような気がした。

自分はどうやら新しいものより古いものが好きらしい。スウェーデンに到着すると、ストックホルムのアンティークショップや古本屋を探しまわっては、しばらくそこに長居をした。ひとつひとつのモノについて時間をかけ、じっくり見るようになった。

ストックホルムのユースホステル「アフ・チャップマン」は、現代美術館の近くにある帆船を利用したものだった。そこに寝泊まりした。朝はユースで出る朝食、昼は朝食の際に多めにもらっておいたパンに、スーパーで買ったタラコのペーストを塗って食べた。夜はスープだけでがまん。とにかく食費を切り詰めに切り詰めた。ユースホステルもドミトリーなら一泊六、七百円。ひと月滞在しても十万円とかからない。

ガムラスタンという旧市街では、アンティークというよりどちらかといえばガラクタのようなものを好んでひたすら見て歩いては、そのガラクタに触発された絵をRHODIAのノートに描いていった。色鉛筆でも水彩でもなく、オレンジ色の軸のビックのボールペンでつぎからつぎへと描く。無性に絵を描きたい気持ちになっていた。

二月のことだから、いつでもあたりは暗かった。ガムラスタンに行くほかは、寒さしのぎもかねて、ナショナル・ギャラリーやモダンアート・ミュージアムにも通った。美術館に入ると、自分の気持ちがしだいに鎮まるのがわかった。

いまにいたるまでつづくガラスへの関心のきっかけも、この旅から始まった。オレフォスやマルメにも足を運んで、スウェーデンを代表するガラスメーカーの工房を見学した。光がとても貴重な北欧で、あのような美しいガラス製品ができるのも、彼らの日常のこころの動きを反映したもののように感じた。ガラスは光をとらえて、また別の美しい光を生む。

スウェーデンからオランダまでは電車で行き、オランダからロンドンへは船で渡った。トーマスクックの時刻表さえあればどこへでも行ける、と思うようになった。

しかし旅の後半に入ると、お金が底をつきそうになった。バックパッカーにまで食料を恵んでもらうような情けない状態だった。出発したとき十五万円あったはずの所持金が、どうしてそんなに乏しくなっていたのか。じつは、フィンランドのロヴァニエミから足を伸ばしたラップランドで、一着十万円もする服を買ってしまったのだ。クラフトショップに売っていた、地元の作家によるオリジナルの服。パリまで辿りつけばアルバイトが待っているという頭もあった。ユーレイルパスがあるから、夜行列車に乗れば宿泊費はかからない。切り詰めれば残りの四万円ほどで何週間か過ごせるだろうと思ったのだ。

ところがロンドンではユースホステルを見つけられず、朝食には残りわずかなお金で買ったパンとクッキーで空腹をしのぐしかなかった。よほどお腹を空かした顔をしていたのか、ハイド・パークをふらふらと歩いていると、バックパッカーにサンドイッチを手渡された。お礼を言うのがやっとで、ただ無心になってサンドイッチを食べた。あのおいしさと、ちょっと情けないような気持ちは、いまも忘れられない。

このままでは旅費が確保できなくなるので、ロンドンには三、四日しかいられなかった。パリに辿り着けなくなったら、アルバイトの約束が果たせない。旅行資金のあるうちにドーバー海峡を渡り、列車でパリに向かった。ユーレイルパスの存在がありがたかった。

一年ぶりにJUNKO KOSHINOのショーの手伝いをした。去年よりも手がちゃんと動いた。

アルバイト代をいただくほかに、ごはんも出て、ようやく人心地がした。およそ二週間のパリ滞在のうち、アルバイト代で旅行資金が回復した後半には、ムフタールにある週一万円ほどの相部屋を借りて過ごすことになった。

文化祭のファッションショー

帰国すると、ひとつ問題がもちあがっていた。

文化服装学院から、単位が不足しそうなので留年になるかもしれないと告げられたのだ。学校にも行かずに、北欧、ヨーロッパをふらふらと旅していたのだ。無理もない通告だった。

そうならそうで、しかたない。ファッションを仕事にしようとする気持ちにはまったく迷いはなかったが、学校でみんなと同じように学ばなくてもいいのでは、と思うようにもなっていた。縫製工場で働くことで、日々学んでいるという自負もあった。北欧、ヨーロッパの旅で、度胸もついたのかもしれない。覚悟を決めていたら、ぎりぎりのところで二年への進級が可能になったと知った。多少のお目こぼしがあったのかもしれない。

しかし、これに懲りないというか、進級が決まってまもなく、また一ヶ月ほどかけてフィンランドとスウェーデンの旅に出てしまった。必須の課題も出さなかったから、結局ふりだしに戻り、留年が決まってしまった。二年生をもう一度やり直さなければならない。二年制の夜間部を卒業すると、三年目に専門科があったのだが、ぼくは文化服装学院に三年間通ったものの、実際は二年の課程を学んだにすぎない。

学校で自分がいったいなにを学んだのか。いまもよくわからない。意味がなかったとは言わない。長いつきあいになる友だちもできた。しかし当時は、先生に教えられることが、かならずしもすべて腑に落ちたわけではなかった。今はそうではないかもしれないが、たとえば授業で自分が引いたパターンを、肩線はこういう傾斜だからといって有無を言わさず直されてしまう。しかし、採寸や縫製の現場を少しでも経験すると、肩のラインなど人それぞれだということを実地で知っている。学校は標準的な肩のラインを学ばせようとしただけかもしれない。自分が縫製工場やファッションショーの現場で見聞きし、自分で手を動かしたことと、学校の教育がぴたりと重なるわけではないのは、考えてみれば当たり前のことだった。

進級ができなくても、学校に行くことをやめなかったのは、友人とのやりとりがあって、それがおもしろかったからだと思う。学友会という文化服装学院の生徒会のような組織では、書記を務めたりもしていた。

二年生の文化祭の準備にとりかかろうとする頃、親友に声をかけられた。自分はショー全体のディレクターをするから、皆川はデザインのチーフをやらないかと誘われ、引き受けることにした。縫うのは苦手だけれど、デザインのほうがまだなんとかなるかもしれないと思ったからだ。入学した頃には逆のイメージ、つまり自分はデザインではなく縫製を学びたい、と考えていたのに、デザインのほうがまだなんとかなる、と思うようになったのは、自分のなかのおおきな変化だった。

その親友は、ネクタイピンなど紳士もののアクセサリーを製造する会社の跡継ぎで、立教大学の経済学部に通いながら文化服装学院で学んでいた。ぼくがフィンランドやスウェーデンなど北欧にでかけたり、JUNKO KOSHINOのパリコレクションの手伝いをしたり、学外で活発に動いている様子が、おもしろく思われていたのかもしれない。半分以上は買いかぶられていたのだと思うけれど。

文化祭のファッションショーでは、一人一着、自分でデザインして自分で縫って、精魂込めたものを仕上げるのが慣わしだった。ぼくは時計をテーマにして十数着デザインし、それぞれの服に時計のモチーフをたくさんつけることにした。なかにはダリの絵に出てくる時計のような、ゆがんだモチーフもあった。

自分では一着も縫わなかった。モチーフの作成も、縫製も、ぜんぶまわりの友だちにやってもらった。ぼくは十数着のデザインをショーの構成を考えながらつくっていった。どんな音楽を流すかも、ショー全体の流れを考えながら決めていった。

時計をテーマにしたぼくのデザインは、文化祭のファッションショーのフィナーレを飾ることになった。モデル全員に着てもらって、十数着を一気に見せる演出はJUNKO KOSHINOのショーを見て学んだスタイルだった。学院長の小池千枝先生に、ショーの演出をほめられたのを覚えている。

時計のモチーフを選んだのは、いまのミナ ペルホネンのデザインにも通じるところがあるように思う。もののかたち、デザインのどこかに、具象性があること。自分のデザインの嗜好は、あの頃からすでに芽生えていたのかもしれない。

西麻布のオーダーの店

文化服装学院の三年目、縫製工場を辞めて、毛皮のオーダーメイドの店に移ることになった。

西麻布の霞町の交差点に、「タカモト」という毛皮を中心としたオーダーメイドの店があった。多摩美大の彫刻科に通っていた友だちが、人目につくそのショーウィンドウに注目して、自分たちの作品をディスプレイさせてもらおう、と言いだしたのだ。店になんの利点があるのかわからない勝手な思いつきだった。

ぼくが描いたアンモナイトのような絵をもとにして、彼女がＦＲＰ（繊維強化プラスチック）で立体にしたオブジェをつくり、店のオーナーにプレゼンテーションしたら、意外なことにあっさりと通ってしまった。まだバブル期全盛の頃で、毛皮業界も景気がよく、一着何百万円というミンクのコートがつぎつぎと売れた時代だった。

そうこうするうち、その店の型紙を引く佐野さんという職人さんが、人手が足りないので手伝ってみないかと声をかけてくれたのだ。最初のうちは鷺宮の縫製工場とかけもちのアルバイトだったが、ほどなくタカモトに移ることになった。朝から夕方まで毎日タカモトに通って、学校のある日だけ早退させてもらった。

タカモトの毛皮は、ひとりひとりにあわせてつくるオーダーメイドだったから、仮縫いが必須となる。仮縫いの手伝いを担当するようになって、人のからだはそれぞれに違って、体型はほんとうにさまざまなのだと学んだ。いっぽうで、さまざまではあっても、いくつかの傾向はある。服のデザインにとって大事な、からだのポイントもある。体型と服の関係を毎日つぶさに観察するという得難い経験をタカモトで積むことになった。なにしろ高価な商品だから、三回も四回も仮縫いをする。まず普通の布で仮縫いをし、最後は毛皮で仮縫いしたものと合わせて、ようやく本縫いに入る。

顧客は経済的に余裕のある、年を重ねた女性がめずらしくなかった。年相応に背中が曲がっている方もいらして、その体型であってもコートを着やすいものにしなければならない。人のからだは本当にそれぞれ違うから、微妙な調整が必要になる。三回、四回と仮縫いすることで、ようやくもっともふさわしいかたちに整えられる。

服を優雅にみせるドレープのようなゆらぎが、どのようにして自然にできていくのか。型紙を引く職人の佐野さんは、「ほら、肩甲骨が人の背中でいちばん高いところにあるだろう。この肩甲骨のところからドレープができていくわけだ」と仮縫いをしながら、言葉で教えてくれた。言葉で説明されてはじめてわかることもある。採寸と仮縫いは、ひとりひとりのからだとの対話のようなものだった。

仮縫いも、何時間もかかるとお客さんが疲れてしまう。だから三十分くらいで終わらせる必要がある。かなり早い判断でピンを打ちながら、からだに合わせてどんどんかたちをつくっていく。最初のうちは、ぼくは見ているだけだった。裾上げとか、簡単なことだけ手伝い、構造に関わるところは師匠の佐野さんがやっていくのを見ながら、助手として学んでいった。

佐野さんもちょっと変わった経歴の人なのだとあとになってわかってくる。早稲田大学文学部の英文科を出ていた。タカモトでアルバイトしているうちに、独学でファッションを学んで、この仕事に就いたらしい。職人とはいえ、黙って背中を見て学べ、という気難しいタイプではなく、人のからだの構造と服の関係を考える、いわばオーダーメイドの理論がはっきりと言語化できる人だった。だからとても勉強になった。

ショーウィンドウだけでなく、店内のディスプレイもやらせてもらうようになった。ミナペルホネンの店舗のなかを、さまざまな小物を用意しながら、あちこちにさりげなく飾るインテリアのスタイルは、タカモトの店内ディスプレイですでに始めていたともいえる。

タカモトには、オーナーと営業マンと、佐野さんと、ぼく。事務の女性が二人。ぜんぶで六人くらいの会社だった。それから三年弱、いることになった。

第4章

ミナをはじめる

独立する。自分のブランドをスタートさせる。

そのためには資金を準備し、アトリエを借り、生地を調達する必要があった。販売してくれる店も探さなければならない。準備することと、やるべきことはたくさんあった。

独立すれば、働いている時間のすべてを自分の仕事にあてられるのだから、なんとかなるだろう――それくらいのこととして考えていた。いま思えば乏しい根拠でしかない。それでも独立すると決めてしまったのだ。

最初に確保をしたのは住居兼アトリエだった。引っ越し先のエリアを決めて物件を探し、八王子に引っ越すことにした。

なぜ八王子かといえば理由はシンプルだった。八王子は東京における生地生産の中心地だったからだ。たとえばウールは愛知県や岐阜県、綿は静岡県の浜松周辺というように、生地の生産地には歴史があり、集まる地域がある。八王子はもともと絹織物の生産地で、横浜港から八王子までの道は日本のシルクロードとも呼ばれていた。

昔は着物となる絹織物が中心だったのだが、洋服が主流となっていくにしたがって、同じ絹織物としてのネクタイの生産が始まり、やがて洋服の生地の織りを始めるところも出てきて、生地生産の幅はしだいに広がり、多様化していった。

ISSEY MIYAKEなどの、これまでにない生地の生産を引き受けていた「みやしん」という織元も八王子にあった。「みやしん」はもともと着物の生地を織っていたところだったが、時代の流れや変化を早くから見越して、あたらしい織りや特殊な織りにも意欲的に取り組みはじめ、八〇年代に入るとデザイナーの信頼をつぎつぎに得るようになった。自分のイメージする生地の生産を実現させるためには、「みやしん」のような機屋と仕事をしたい。であれば八王子にアトリエをかまえよう、と考えたのだ。

住居兼アトリエは西八王子で探した。八王子と高尾の間にある駅だ。周辺には縫製工場もあり、八王子駅周辺よりさらに家賃が安い。借りたのは平屋の一軒家だった。一軒家といっても２K。二畳のキッチン、八畳の和室、奥に六畳のフローリングの部屋。家賃は八万円。手伝っていた仕事を辞めてしまったので、とりあえず収入はなかったが、そのときの結婚相手には収入があったのでなんとか借りることができた。

当時、結婚していた相手は、エスニック雑貨のセレクトショップでバイヤー兼店長をしていた。九〇年代半ばにエスニックブームがあり、その流れにも乗って、お客さんがひきもきらない状態だった。だから給料も安定していた。彼女の給料がなければ独立などできなかった。

六畳のフローリングの部屋をアトリエにした。必要なものはミシン、そして作業のできるテーブル、その上に作業用のゴム版を敷けば、定規などの細かい道具はすべて自分のものが手元にあったので、あとは服をデザインして、型紙をつくり、サンプルを縫製すればいいだけだった。服をつくることだけを考えれば、服づくりは大層なことではない。ほどなく、服をつくるだけでは立ち行かないのだ、と思い知らされるのだが。

都内に小さなスペースを借りて、最初の展示会をすることになった。自分がデザインした服をつくり、展示して、注文を受ける。用意したのは三つのもの。シャツ、ワンピース、ブラウス。

ブランド名も考えなければならない。ブランド名は当時、デザイナーの名前をそのまま使うことが多かった。ぼくの場合だったら「akira minagawa」。自分の名前をブランド名にするのはなんだか嫌だなと思った。あくまでも感覚の問題がおおきかったのだが、それなりの理由もあった。自分がこれから始めるのは、「せめて百年つづくブランド」と考えていた。つまり創業したデザイナーがいなくなっても、そのブランドは変わらずつづく、というイメージが自分にはあった。それなのに、自分の名前を表に出すのはそぐわない。そう考えたのだ。

フィンランド語でなにかいい言葉がないだろうかと思い、当時、帝国ホテルのなかにあったフィンランド観光局に行った。フィンランド語の辞書を借り、何時間もかけて辞書をめくった。ああでもないこうでもないと候補を探し、その意味や発音を調べた。

そのうちに、「minä」（ミナ）、フィンランド語の「私」という単語に目がとまった。シンプルな綴り、短い音。これがいいと思った。

服をつくるのも、ひとりの「私」。服を着るのも、ひとりの「私」。

「私」という意識が服をつくり、「私」という意識が服を着る。ファッションはつきつめれば「私」だ。服というものと、人の気持ちが出会う場所。

「minä」にしようと決めた。

売り上げは十枚

最初にデザインした三着の服のモチーフには、草花を描いた。

織りを担当してくれたのは八王子の「大原織物」だった。柄を繰り返すリピートの織りはどのような工程でできてゆくのか、基本的な仕組みと技術を教えてもらった。型紙に起こした草花の柄が、きれいに織られてゆくのを見ながら、自分のつくる服は生地からデザインする、自分が進む先はここにある――織られて目の前に現れるものを見て、確信することができた。

価格は、ワンピースが三万八千円くらい、ブラウスとシャツは二万八千円くらいに設定した。小さなギャラリーのスペースを借りて、その三着のサンプルを展示して注文をとる。では、展示会のお知らせをいったい誰に、どうやって伝えればいいのか、このときにはなんの蓄積も知識もない。友人たち、文化服装学院の学生、先生にとりあえず案内を出した。展示会の初日は一九九五年五月二十二日。この日はいまも、ミナ ペルホネンの創業記念日になっている。

会場を借りられるのはせいぜい一週間。知っているギャラリーに声をかけ、何箇所かまわることにした。

それから十二月までに受けた注文は、全部あわせて十枚だった。

売り上げの総額は三十五万円。

三十五万円のなかから、材料費など経費を差し引くと、ほとんど残らなかった。これでは生活が成り立たない。それは誰にでもわかる。この状態から生活が成り立つようになるまで、いったいどれくらいやるべきことがあり、時間がかかるのか。先はまったく見通せない。果てしない道のりがあることだけははっきりしていた。

年が明け、八王子の繊維組合が主催する展示会に参加することになった。ワンピース、ブラウス、シャツに加えて、Tシャツも追加することにした。八王子にTシャツの工場があるのがわかって、やりとりを始めたのだ。ワンピースやブラウスには手が出なくてもTシャツなら、という人がいるかもしれない。そういう試みもやってみたほうがいいと考えた。

展示会でオーダーをもらったなかに、まもなく銀座にセレクトショップをオープンするという鈴屋が入っていた。鈴屋といえば七〇年代の半ばにファッションビルの先駆けとして青山ベルコモンズをスタートさせた会社だ。オーダーをもらえたことはとてもありがたく、うれしかった。

ところが銀座のセレクトショップでいよいよ販売が始まると、問題が発生した。追加注文への対応だった。Tシャツの追加注文が五枚、十枚の単位ではなく、一枚だけでくるのだ。何枚かまとめてもらえませんか、と頼んでみたが、必要な枚数でしか注文できないという。実績のないデザイナーの商品だから、しかたないのかもしれない。しかし一枚だけ届けることの負担はおおきい。

当時、西八王子から銀座まで電車に乗って届けに行くと、往復で一三八〇円。一枚五千円のTシャツで、卸値は五十パーセントだったから二五〇〇円。そこから一三八〇円の交通費と縫製工賃を引くと、残りは五十円くらいにしかならない。このペースでやっていたら、次につくる服の材料費にもならない。

当時、ヤマト運輸に持っていっても法人契約はできず個人扱いにしかならなかったので、残る利益はほとんど変わらない。Tシャツは四色のバージョンでつくった。一色の最低のロットが百枚だったから、工場から最初にあがってくるTシャツは四百枚。狭い六畳のスペースにダンボール箱になって積まれることになる。「在庫をかかえる」という表現が、言葉ではなく目の前にある。しかもほとんど減らないまま。

もう一件、熊谷でも扱ってくれる店が現れた。ところが扱ってくれる条件として卸値を四十パーセントまで下げるのなら、と交渉されて、そうせざるをえなかった。クルマにのせ、八王子から高速道路で熊谷まで運ぶことになった。高速料金もガソリン代もかかる。買ってもらえるのなら、という気持ちで運んだが、在庫は少し減ったとしても、いっこうに利益は出ない。

ワンピースやブラウスがそれぞれ数枚しか売れないとなると、縫製工賃も割高になる。発注数が少なければサンプル工賃の価格になってしまうからだ。サンプル工賃は通常の二倍から三倍の請求になる。売れないのだからそれはしかたない。少しでも工賃を安くしようと、裁断は自分でやった。

染屋さんにも通い、染料の粉を量る仕事を手伝った。新聞広告を切ったものを秤にのせ、その上へ染料の粉をのせて量る。どれくらいの比率でほかの色とまぜると、どんな色になるのか教えてもらった。これも勉強になった。工場で手伝うことがあれば、よろこんで手伝いにいった。工場の現場で行われていることを見聞きした。時間はある。やれることはすべてやるようにした。

そのような手伝いは根本的な解決にはつながらないし、「打ち出の小槌」でもないのはわかっていた。それでも自分の足で動き、手を動かした。しっかり見て、話をよく聞いた。自分自身が経験する手作業そのものに意味があるはずだと思っていた。JUNKO KOSHINOのパリコレクションではじめて経験した針仕事から自分は出発したのだ。手を動かすことへの信頼はゆるがずにあった。

しかし、注文がこの程度の数であるかぎり、仕事としては成り立たない。その現実もまた、おおきな、確かな壁となって目の前に立ちふさがっていた。

市場でマグロをさばく

独立してから半年ほど経ったある日、染料を秤にかける仕事をしていたら、その作業に使われていた新聞に、魚市場の求人広告が出ているのが目に入った。

勤務時間は朝四時から昼まで。八王子綜合卸売市場の「望月水産」だった。八王子の寿司屋、和食屋、仕出し屋は毎朝、築地まで行くわけにはいかない。築地に入るものを八王子の市場経由で買うことになる。その卸売をしている会社で魚をさばく人間を募集していたのだ。働く時間帯が決まっていて、午後は自分の仕事ができる。すぐに応募した。ほどなく採用が決まった。

望月水産での仕事は、おおきくふたつに分かれる。マグロとそれ以外の魚。ぼくはマグロ担当になった。ほとんどが冷凍ものだった。小さいのは二、三十キロ、おおきいのは八十キロくらい。だいたい四、五十キロのものが多い。

冷凍のマグロをさばくのには電気ノコギリを使う。まず腹と背中でふたつに分ける。腹の部分をさらに半分、背の部分もさらに半分にする。こうして全体を四つに切り分ける。この四分の一の「一丁」の状態で買っていく店もある。大トロの部位は三、四キロの「コロ」にする。さばく最小単位が「サク」。

もちろん最初は右も左もわからない。親方について、親方の指示どおりに動いた。「何番のマグロ、持ってこい」と言われたら、冷凍室に入ってそれを引っぱりだしてくる。マグロの解体でいちばん肝心なのは、マグロの中心がどこにあるのかを見極めることだ。最初に半分に切り分けるとき、マグロの骨に刃を当てて切り進んでいかないと、骨の側に身が残ったままになってしまう。骨のありかをわかってさばくようになるのには、時間がかかる。経験も必要になる。

とにかく言われたとおりに、目の前のマグロを切り分けていった。作業は同じだが、切り分けるマグロに同じものはない。それでも毎日のように通ったから、だんだんと自分の手や腕の動かしかた、力の入れかた、切り分けるポイントが、つかめるようになっていった。親方に指示されてやることを、だんだんと滞りなく対処できるようになる。無心でマグロをさばくのは、自分に向いていることもわかった。

八王子という場所柄、市場には大学生のアルバイトもいた。寿司屋の息子が勉強と修業をかねて働いていたりもした。そんな混成チームだったが、おたがいにうまくやっていた。血の気の多い感じでありながら、じつは心根の優しい、パンチパーマの親方とも関係は良好だった。気に入られたのか、ほんとうは報酬にふくまれていないはずの朝食も親方がご馳走してくれた。朝四時から働いて、かなりの肉体労働だったから、六時台の朝食の時間には腹ペコになっている。市場のなかにある食堂で、ラーメンとカツ丼を平気でふたつ食べたりしていた。

離婚することになったのは、市場に勤めはじめて一年も経たないうちのことだった。自分の始めたブランドもいっこうに売り上げは伸びず、未来の展望がみえない状態がつづいていた。彼女のおおきな負担で、家計が成り立っていたのだ。ふたりで暮らすバランスが、とりもどせないほどに崩れていた。

市場での収入は、一日一万円くらい。週休一日、隔週で二日の休みがあったので、月収は二十四万円前後になる。そのほとんどは材料費で消えていった。

家賃八万円の家は離婚と同時に出て、三万四千円の家に引っ越すことになった。ほんとうにボロボロの家だった。

市場で働くことによって生活を支えることができたし、午後からは自分の仕事ができたから、あんなにありがたい職場はなかった。しかもマグロをさばく仕事は幸いなことに自分に向いていた。八王子で暮らすことにならなければ出会うことのなかった仕事は、自分に少なくはない影響を残した。

望月水産が閉業となった二〇一九年までは、年末になると八王子の市場に行った。「今年はいいイクラが入ったよ」と親方から連絡があれば、社員の慰労と、お世話になっている工場のみなさんへのお礼のために百数十キロのイクラを買った。もちろん、親方への恩返しの気持ちもこめて。年末の親方とのやりとりはおたがいになんともいえない笑顔になった。それがうれしかった。あの苦しい時代に、市場で働くことができたのは、幸運なことだった。

アシスタントの登場

ブランドがスタートした年の十二月から、週に数日、手伝いにやってきてくれるようになったのが、ミナの草創期からのメンバーとなる長江青だった。

長江は武蔵野美術大学の空間演出デザイン学科ファッションデザインコースの学生だった。ファッションデザインコースの特別講義に招かれた織元の「みやしん」社長が、若手のファッションデザイナーと工場との交流を考えたのがきっかけだった。せっかくだから、ぼくの自宅兼アトリエで、市場で手に入れたマグロのカマ焼きバーベキューでもやりながら、たのしく話をしようと計画した。

手伝いにやってきた学生たちのなかに、長江がいた。バーベキューはなかなか忙しいところがあるのだが、長江はよく気がついて、いろいろな場面で気を配ってくれたのを覚えている。帰り際、「なにかお手伝いできることがあったら、いつでも呼んでください」と長江から手製の名刺を渡された。

あとから聞いたところでは、デザインへの関心もつよかったけれど、ぼくのアトリエの本棚に並んでいた本をみて、興味をもったらしい。どんな本が並んでいたのか、よく覚えていないのだが――。長江は愛知県春日井市にあった書店「ブックスカエル」の娘で、彼女の祖父は版画家・グラフィックデザイナーだった。「ブックスカエル」のマークも祖父が描いたという。

ぼくがひとりでやっているアトリエ、しかも受注は数えるほどしかないところで手伝えることなどあってないようなものだ。しかし、アトリエに友人たちを呼んで、自分のあたらしい服を見てもらう集まりに「よかったら」と長江にも声をかけ、手伝いに来てもらうことになった。やがて、週に一度か二度だけの、長江のアトリエ通いが始まった。長江にやってもらえることはなんだろうかと考えるうちに、仕事があらたに動きだすところもあった。

たとえば、バッグのデザインと縫製。いまもつづいているミナ ペルホネンのエッグバッグの原型となるものは、この頃に始まったものだ。もうひとつ、二十センチ四方のミニバッグもデザインした。バッグの縫製を長江に担当してもらうことにした。エッグバッグやミニバッグがあらたなお客さまとの接点になるかもしれない、と考えたのだ。卸し先のバイヤーにバッグも見てもらって、「これも置いてもらえませんか?」と声をかけるようになった。反応は悪くなかった。それ以外にも、直線縫いの巻きスカートのようなものもデザインして、長江に縫ってもらった。工場に出さずに出来上がるものがあれば、工賃もかからない。

なぜ「直線縫い」を頼んだのかといえば、長江も縫ったりすることがさほど得意だったわけではないからだ。ところが長江には苦手意識のようなものがまるでないように見えた。「ちょっとこれは私には無理だ」と思わないらしい。ぼくが縫製を苦手だと思い、だからこそずっとやっていける、やめないでいられると考えるのとは、ちょっと感覚がちがう。ちがうのだけれど、結果的には似ているのかもしれない。自分のいる場所が行き止まりだと感じない。これ以上やってもしかたないと諦めない。この感覚がなければ、ミナの長く厳しい時期をしのぐことはできなかったと思う。

長江がアトリエに通う日数が次第に増えても、長江の働きに対価はないままだった。交通費しか出せなかった。いまだったらこんな条件で学生に来てもらうわけにはいかない。実家からの仕送りがありますから、と言ってくれていたが、卒業まで無給のまま働いてくれたのは長江ならではのことだったと思う。四年の就職シーズンが来ても長江は就職活動をしなかった。他を考える余地はない、というようなことを言ってくれ、そのままつづけて働いてくれるようだった。まわりの友人の就職先も決まっているらしい。

このままではいけないと思った。

服の売り上げは少しずつではあったが増えてきていた。長江はこれからここで本格的に働く。もはや自分ひとりのための会社ではないのだ。考えた末、二年半にわたってお世話になった市場を辞めることにした。

長江が大学を卒業したのち、四月からはなんとか給料を出そうと思った。給料といっても、売り上げから材料費、工賃などを差し引いた残額からふたり分を捻出するほかなかったので、対価としては申し訳ないようなものだった。長江の実家に、娘の就職先の人間として挨拶にもうかがった。働いている会社はどういう人間がやっているのか、会ってもらったほうが安心してもらえると考えたのだ。ご家族はぼくを温かく迎えてくれて、ご理解をいただいた。会社で働いてくれる人間への責任をもつ。このときからミナは次の段階に入ったように思う。

同じ頃、あたらしいブランドが続々と登場していた。COMME des GARÇONS、ISSEY MIYAKE、Yohji Yamamotoなど先行するブランドにいた若手がつぎつぎに独立して自分のブランドを始めていた。KEITA MARUYAMAやMasaki Matsushimaなど、文化服装学院の少し先輩にあたる人たちも、そのあたらしい動きの中心にいた。おそらく長江のまわりの学生は、自分がブランドを始めることを実現可能な身近な目標として意識する人間が多かったのではないか。長江と同じく武蔵美でファッションを学ぶ友人たちの何人もがミナを手伝ってくれたが、辞めずに残ったのは長江ひとりだった。友人たちはおそらく、いずれ自分のブランドをもちたいと考える予備軍だったのだろうと思う。辞めるほうが普通かもしれなかった。

長江がなぜ残ってくれたのか、直接本人に聞いたことはない。勝手なことを想像すれば、生まれたばかりのひよこが最初にいちばん近くで見た生きものを親だと認識するように、長江もミナをそのように感じてくれたのかもしれない。ぼくのデザインする服を気に入ってくれていたこととは別に、そんな気持ちがなければ、つづけることはかなり難しかったのではと思う。

　ささやかに見える手作業の積み重ねが、働く日常のほぼすべてだとすれば、それがミナにとっていちばん重要なことだった。それ以外に大事なものはどこにあるのか、と感じられる場所にいること。それで満たされる気持ちが、長江のなかですでに育ちはじめていたのかもしれない。だとすれば、自分の感覚も、同じものだった。言葉でなかなか説明のむずかしいことを日常的に共有できていれば、ほかになにが必要だろうか。

　その後、ミナが軌道に乗りはじめて、まがりなりにも給料を支払えるようになったとき、無給で働いてくれていた時期の分を少しずつでも上乗せして返すと伝えると、「私はまったく要りません。これから人がもっと必要になってくるので、その人たちへの支払いに使ってくださせい。その余地があるのなら、給料が上がることがやりがいにつながる人に使ってください」と長江は言う。一対一でそのように話すときの表情には、その言葉が長江のなかから素直に出てきた虚飾のないものだということがわかった。いちばん最初のスタッフが長江だったということのありがたさは、それからもたびたび痛切に感じることになる。上司と部下というよりも、同志としてやってきたという思いが強い。

初期の頃の長江の働きは、まさに滅私奉公というべきものだった。のちには長江のデザインするアクセサリーやバッグがつくられるようになったのだから、滅私奉公に終始したわけではもちろんない。とはいえ、最初期のスタッフに滅私奉公を厭わない、「疑わない人」がいてくれたことのおおきさは、はかりしれない。

「疑わない」といっても、ミナがおおきくなるだろう、成功するだろう、という先見性があってずっと耐えて働いてくれていた、というのとはちがうと思う。先見性のある人であればとっくに辞めていたはずだからだ。初期の段階では、自分ですらまったく先が見通せない状況だった。毎月の給料がどうしても払えない、キャッシュフローが底をつくような場面は何度もあった。長江はそういうとき、不払いの事態にも泰然自若として「今月はいいですから」と自分から無給の提案をしてくれさえした。

当時はまだ「ブラック企業」という言葉がいまほど使われていなかったように思う。とりわけゼロからなにかをつくりだす仕事には、残業という概念もないに等しかった。ファッションの世界やデザインの世界はどこも同じだったと思う。いま同じやりかたでブランドをスタートさせることは到底できないだろう。ついてきてくれる人もいないかもしれない。でも当時はそれが可能だった、ということだ。ただ、迷わずにひたすらやってくれる長江のような人間がいてくれなければ、ミナは到底もたなかった。では長江のような人間が当時ほかに現れたかといえば、それは無理な話だったと思う。

資金は大切だ。資金がなければ、仕事はつづけられない。しかしブランドや会社を最後に支えてくれるものは、資金力ではない。かえがたい人の存在だと思う。

自家用車で営業

服の販売は少しずつだが増えていた。扱ってくれるようになると、継続して販売をしてくれる店も多い。その様子をみて、自分たちのつくる服は着てくれる人がかならずいる、という感触がたしかなものになってきた。次は、それをどうすればもっと広げられるだろうか、という課題になってくる。

当時はインターネットという手段が一般化される、はるか以前の時代だった。小さなブランドがウェブサイトで販路をひろげ、小さなショップがウェブサイトでお客さまにものを売る、そんな仕組みができるなど想像もしていなかった。

自分たちのつくる服を売ってくれる店を広げるには、自分たちで店を開拓するほかはない。そのためには実際に服を見てもらって判断してもらうしかない。そう考えて、服を持参して、営業にまわることにした。

十八歳のとき、三年のローンを組んで、中古車でシトロエンの2CVを買っていた。クルマはもともと好きだったので、免許をとってすぐに、安く買えるものを探し回り、やっと手に入れたのだ。2CVを配送には使うことはあったが、販路拡大の営業に使う発想はなかった。しかしクルマがあれば服を積んでどこへでも行ける、と気づいた。

2CVにミナの服を載せて、東北地方に向かった。店のあてがあったわけではない。いまならインターネットで検索をして、店の候補をあらかじめ決めておくこともできるだろう。アポイントメントをメールでとって、会いに行くこともできるだろう。そんな手段のない時代だった。2CVで東北自動車道を北上し、新幹線が停車する駅の周辺に入ると、ぐるぐると市内をまわりながら、ここなら扱ってくれるだろうかと外から店を見てあたりをつけ、飛び込みで店に入った。

挨拶もそこそこに「洋服を見てもらえませんか?」ともちかける。電話で事前に約束をとりつけたわけでもなく、しかも聞いたこともない国内のブランドの服である。当時は少し気の利いた店であれば、海外ブランド、インポートを扱うのが全盛だった。ライセンスを得た商社アパレルが、国内で縫製したものや、本国の正規品を仕入れたものが人気だった。いまでいうセレクトショップが出はじめた頃で、BEAMSやUNITED ARROWSがチェーン化していこうとする時期でもあった。つまり地方だから売れないということはなく、地方都市にも気の利いた店があって、固定客をつかみはじめていたのだ。しかし、人気の中心は海外ブランドで、国内ブランドは下にみられる傾向が強かった。

どの店でも門前払い同然だった。いま思えば当然だったと思う。突然店に来て、服を見てもらえませんか、と言われても対応のしようがなかっただろう。

しかし、そのときには自分たちの服が彼らの目に魅力的にうつらないのか、そもそもこのやりかたがよくないのか、判断できる材料を得られないほど、取りつく島がなかったのだ。郡山が駄目だった、では次は仙台に行ってみよう、というふうに、可能性をあきらめなかった。うまくいく可能性を捨てられなかった。仙台が駄目なら次は盛岡だ、とだんだんと北上していくことになった。

しかし、この東北の出張営業でオーダーをもらうことのできた店は、一軒もなかった。この飛び込み営業は完全な失敗に終わり、ミナの服を載せたまま、２ＣＶで東京に帰ってきた。

第5章

直営店をオープンする

ヨーロッパで営業

東北ではなにひとつ成果をあげられなかったが、２ＣＶでの営業の旅をそこであきらめて終わりにはしなかった。関西にも足をのばすことにした。京都、大阪、神戸をふたたび２ＣＶでめぐった。しかし、旅の結果は受注ゼロ。

長江とふたりでヨーロッパにも行った。スーツケースにワンピースやブラウスを詰め、フィンランドのヘルシンキからスタートして、スウェーデンのストックホルム、ベルギーのブリュッセルとアントワープ、そして最終目的地はパリ。自分にとって馴染みのある都市をめぐる二週間ほどの旅だった。ユーレイルパスを使い、ユースホステルに泊まる貧乏旅行は学生時代と同じだった。

スーツケースをゴロゴロと手で引きながら、良さそうな店を見つけては入っていき、自己紹介をして、スーツケースを開け、ミナの服を見てもらった。

日本の反応とあきらかにちがったのは、ちゃんと服を見て感想を言ってくれたことだ。「素敵な服ね」「織りがきれい」「仕立てがいい」とどこでも好感触だった。いま思えば、そんな飛び込み営業などほかにはないから、単にそのシチュエーションをおもしろがってくれていただけだったのだと思う。店にいるのは基本的には販売員であってバイヤーではない。あたらしく服を買う権限があるわけではない。それでも門前払いはされず、服を見てもらうことはできたのだ。

仮に買ってくれることになったとしても、売価はいくらにすればいいのか、流通がどういう仕組みで通関手続きはどうなっているのか、なにひとつわかっていなかったから、具体的な話になったら、こちらの無知ぶりに相手はもう一度、あらためて驚いたにちがいない。

旅のあいだ、長江はミナの服を着ていた。街を歩いていると通りすがりの人に笑顔で声をかけられることがたびたびあった。あなたの服いいわね。どこの？　と質問もされた。最終目的地のパリはファッションウィークの最中だった。長江がミナの服を着て歩いていると、拍手をもらうこともあった。

それは自信につながるものだった。とりたてて奇抜なところがあるわけでもない服に目がとまり、なにかちがうものを感知してくれている。服に関心のある人の目に、「なにかちがう」という印象を与えている。彼女たちの表情や声から、そんな気配を感じることができた。好感触を得ることはできたものの、ヨーロッパでも一着も売れなかった。それでもヨーロッパをまわったことに意味はあった。あとはなにかのきっかけをつかむだけでいいはずだ、と考えられるようになったからだ。

一九九六年に、秋冬ものの展示会をした。恵比寿の貸しギャラリー、P-houseを人から紹介された。賃料は一日五万円だった。自分たちの予算からすると大幅に超えているが、一階にカフェがあり、場所もいい。個人作家の展示スペースとして注目もされているギャラリーだったので、思い切って借りることにした。ただ、一部交渉はした。最初の一日目は午前零時から始まる、とみなしてもらい、真夜中から搬入と準備を始めて、午前十時から展示会をスタートすることを認めてもらった。設営のためだけに一日を借りる余裕はなかったからだ。UNITED ARROWSやBEAMS、ベイクルーズといったセレクトショップ、百貨店などのバイヤーや、ファッション系の雑誌の編集部にも案内状を出した。

設営を手伝ってくれたのは、長江の武蔵美時代の友人だった数人。そのなかに菊地敦己さんがいて、彼はいまグラフィック・デザイナーとして活躍している。ミナのグラフィックは最初から彼が担当してくれていた。日曜大工の店から材料を仕入れてきて、ハンガーの設置などを短時間でみごとにつくりあげてくれた友人もいた。徹夜で設営を終え、着替えだけをして、展示会は始まった。

友人知人は来てくれる。ところがバイヤーはやっと二、三人、顔を出してくれただけだった。午後八時になり、初日が終わった。受注はない。

待っているだけでは駄目だと思い、バイヤーに直接電話をかけた。「見てもらえませんか？」とお願いした。「時間あったら行きますね」と返事をもらっても、実際は来てくれない場合もあった。批判だけして帰ってしまう人もいた。四角いかたちのモチーフが織られたジャガードの服の、モチーフにあわせた四角のボタンを見て、「ボタンが四角っていうのは駄目なのよね」と言って、話はそこで終わってしまった。四角のボタンがなぜ駄目か、理由や根拠を示されたわけでもなく、注文もしてくれない。苦々しい気持ちで聞いていたが、反論する力も言葉も自分にはまだ備わっていなかった。

伊勢丹のバイヤーが足を運んでくれた。残念ながら亡くなられた藤巻幸夫さんが当時、新人クリエイターのブランドをピックアップして展示販売する「解放区」というスペースを新宿本店のなかにつくっていた。海外ブランドが主流だった時代に、われわれのような国内の独立系のブランドにも積極的に光をあててくれていた。その流れもあったのだと思う。展示会で初めて注文を受けることになった。捨てる神あれば拾う神あり、だった。

しかし、あらためて突きつけられたのは、これではやっていけないということだった。暮らしていける数字には、まったく届かない。

いまなら、展示会がうまくいかなかったのはなぜか、理由のひとつはわかる。

展示した服は三十点ほどあった。同じブラウス、ワンピースでも、微妙な色違いをつくり、バリエーションをみせるような展示構成にしていた。しかし、すべてワンサイズだった。

文化服装学院で学んでいた頃、毛皮のオーダーの店で修業をして、からだに沿わせるデザインを学び、そのすばらしさを知った。自分の服づくりにはそこで学んだことの影響が反映されていた。当時のミナの服は、長江が試着のモデルになっていたので、長江が試着して、シルエットがきれいに見えるようにつくっていたのだ。長江は比較的スリムだったので、サイズはやや小さめになっていた。丈のバランスも、そこから決まってくるものとなれば、おのずとワンパターンになってしまったのだと思う。

もし当時の自分にアドバイスができるとしたら、色数を減らしてサイズのバリエーションをつくったほうがいいよ、と言うだろう。色数を増やしても、店は全部の色を取れないと思うよ、それよりサイズ展開をしたほうがいい、と。

展示会を終えて会計をしめてみると、三百万円ほどのオーダーだった。これではひとつの服についての発注数が少ないから、工賃も割高になる。製造原価を引いて、仮に百万円が残ったとしても、次のための生地を買わなければならない。つまり、生活費に余裕は生まれない。これではワンシーズン、つまり半年やっていけるかどうかぎりぎりのところだった。

長江は金銭的な不安など一切言わなかった。簡単に縫える巻きスカートや小物のバッグをつくって、取引先に検討してもらい、少しでも日銭を稼ぐためのことをこつこつとつづけてくれていた。

阿佐ヶ谷のアトリエ

阿佐ヶ谷駅から至近距離に、長江の友人の親族が所有するビルがあった。一階ごとにひとつのテナント。ワンフロアが二十坪くらい。その三階のワンフロアを二年の期限つき、月六万円で貸してくれるという話が舞い込んできた。ただし、ビル共用部の清掃、電気メーターの管理をしてほしいという条件つき。三年目以降も借りる場合は十二万円になる。こちらの台所事情もよくわかっていて、この二年間で稼げるようになったら、あたらしいところに行きなさいという励ましを含めた厚意だったらしい。

ぼくは再婚したばかりだった。クリエイティブな仕事をする相手と、経済的にも心理的にも支え合う関係だったから、どちらかに経済的な負担を強いることはなかったと思う。アトリエの移転も決まり、ぼくたちの住まいも阿佐ヶ谷の隣町である荻窪に移すことになった。その頃はジャイロ式荷台のついた三輪バイクがぼくの足代わりだった。表参道まで服を配送するのにも乗っていた。

ちょうどその頃、UNITED ARROWSや伊勢丹から受注する数も増えはじめていた。石の上にも三年。設立から四年が経ち、歯車が少しずつ噛み合うようになってきていた。注文数があきらかに上向きに転じてきたのだ。

阿佐ヶ谷の家賃六万円のアトリエの二年目に入ると、伊勢丹での売り上げが伸びはじめた。ＪＵＮグループのADAM ET ROPÉやベイクルーズとの取引も加わった。当初は一店舗、二店舗規模でやっていたUNITED ARROWSからは全国展開しますよ、と言われるようになった。UNITED ARROWSだけでも、取引を始めたときから売り上げが十倍くらいに伸びていた。気づけばシーズンで一千万円くらいの注文になっていた。これならば製造原価を差し引いても、これなら暮らしていける規模になんとか届くことになる。

阿佐ヶ谷時代の展示会はアトリエのなかでやっていた。展示会に「装苑」の編集長が編集者を連れてやってきた。編集者は「装苑」のなかの型紙付録つきの特集でミナの服を扱ってくれる、その打ち合わせをかねての来訪だった。ところが展示会の直後、「単発の特集じゃなくて、ミナは毎月の連載にしたほうがいい」と連載を決めてくれたのだ。

子ども服の雑誌「SESAME」からも、子ども服をデザインしてほしいという依頼がきた。テキスタイルのモチーフが子ども服にマッチするものが少なくなかったこともあり、お洒落な服を着せてもらったときの記憶は、子どものなかにずっと残ってゆくものだとも考えたので、よろこんでつくらせてもらった。この服は好評で、ずいぶん問い合わせをいただいた。それからしばらくして、ミナが子ども服のデザインを始めるきっかけにもなったと思う。子ども服はいまも大切な取り組みで、デザインするのがたのしい品目のひとつになっている。

阿佐ヶ谷のアトリエには、長江の友人たちが自分の仕事を終えてから夜やってきて、Ｔシャツの袋詰めやクッションの綿入れなどを手伝ってくれた。アルバイト料なしで、お礼がわりにごちそうするだけだったりしても、よろこんでやってくれるのがありがたかった。

装幀を中心としたデザイナーで人気の高い名久井直子さんも阿佐ヶ谷のアトリエに遊びに来てくれていた。彼女は長江の卒業製作の服を買ってくれた武蔵美の同窓生で、当時はまだ広告代理店のアートディレクターだった。インテリアやデザイン系のプレスでミナ ペルホネンと協業することもあるＰＲ会社の代表竹形尚子さんには、服のモデルをやってもらったりしていた。友人たちから「青ちゃん」と呼ばれる長江には、当時から不思議な吸引力があったのだ。

気がつけばあのころに手伝ってくれていた人はみな、それぞれの世界で第一人者として活躍している。まぶしいような気持ちでいま、彼女たちの仕事を見ている。

白金台の直営店

八王子で「ミナ」をスタートさせてから五年が経っていた。ぼくも三十三歳になっていた。

初めての娘も生まれた。

直営店を出したい。服の注文が増えてゆくなかで、しだいに頭のなかに浮上してきたのが「自分たちの店を持つ」という現実的な計画だった。

なぜ直営店なのか。

セレクトショップや百貨店に服を卸すだけでは、相手頼みの仕事になってしまう。自分たちの服を注文する、しないはバイヤーの判断だ。卸し先もひとつの会社だから、担当者が変われば対応も変わる場合がある。会社そのものの浮き沈みだってあるだろう。受身のまま自分たちの服を誰かに託しているだけでは、将来、自分たちが立ち行かなくなる場面が出てこないとはかぎらない。

ミナの服を自分たちの店で、自分たちの手で販売する。お客さまとも直接やりとりする。その場所をつくれば、もっと見えてくることもあるはずだ。

いまこの段階で、直営店をもつべきだと考えた。

では、どんな店を、どこに出すのか。

銀座や表参道に店を出す予算はとてもない。でも、「ここで我慢しよう」という考え方で店を出したくはなかった。わざわざ出かけていきたくなる場所。店のまわりを散歩するのもうれしいような場所がいい。

最初は神楽坂や神宮前の周辺を自分の足でしばらく歩いて、貸物件がないかを調べていった。街のたたずまいはよかった。それでも予算と気分にあう店舗スペースが、なかなか見つからない。

難しいものだなと思っているうちに、港区白金台に可能性のありそうな物件があるとわかった。白金台の表通りから、ひと筋なかに入った建築中のビルの情報だった。さっそく見に行った。

白金台の交差点からすぐのところだった。自然教育園や庭園美術館からも、歩いて数分の距離にある。これまでの最寄り駅は目黒駅だった。駅から白金台まで歩くのはやや遠い感じがあったが、数ヶ月先には白金台駅が完成し、三田線と南北線を利用できるようになる。駅から徒歩でせいぜい三、四分。

ビルは三階建てだった。道に面して横長のビルで、中央部に比較的ゆったりした階段が設けられている。一階と二階が店舗として、三階は事務所として貸し出される予定になっていた。

一階と二階の店舗ではなく、三階の事務所用物件に注目した。エレベーターはない。階段であがるしかない。普通に考えれば店舗には向かないとなるだろう。そもそも街を歩いている人がウィンドウのディスプレイに目をとめて入る、というシチュエーションをつくることができない。偶然の出会いはほぼない。

それでも、場所と環境が気に入った。「ミナ」の店舗に足を運ぶまでの街の様子も、大事だと考えていた。ここならば、行きや帰りに庭園美術館や自然教育園に寄ることもできるし、よいレストランやカフェもある。服選びの経験をたんなる便利さだけで用意するのではなく、店のまわりにある環境によって、さらに豊かなものにできるのではないか。そう考えたのだ。

最大の難点は家賃だった。一階や二階より坪単価はだいぶ下がるとはいえ、自分たちのこれまでのアトリエの家賃の何倍にもなる。第三者が客観的にみれば、無謀なジャンプとしか言いようがない物件だろう。

それでも「ここにしよう」と決断した。またしても直感としか言いようのない、経営的な根拠の乏しい決断だった。

しかし、預金通帳をみても、敷金や開店に必要な諸費用をまかなう残高はない。はじめて国民金融公庫から五百万円を借りることにした。

インテリアの工事については、知り合いに紹介してもらい、原価並みの料金で引き受けてもらうことになった。店舗を運営するための人の手当ても必要だった。店長と販売員がほしい。ぼくと長江だけでは毎日店舗をまわすことはできない。服づくりがおろそかになったら本末転倒だ。最低でも、われわれ二人だった社員を五、六人にする必要があった。二人の給与をなんとか捻出できる段階にきたところで社員を約三倍にというのは、経理的な発想からすれば無茶なことだろう。このときの経理担当はぼくだったが、帳簿の記載などは妻が手伝ってくれていた。しかし、予算をどれだけ使えるかの事業計画のようなものはなく、預金通帳の数字を見て、ぼくが判断していた。つまり、創業から五年が経っても、どんぶり勘定のままだった。しかし、どんぶり勘定でなければ直営店に乗りだすことは到底できなかっただろうと思う。

直営店のスタートとともに加わってくれたふたりのスタッフは、いまもミナ ペルホネンで働いてくれている。

店長を引き受けてくれた石澤敬子は、もともと自分で洋服をデザインし、つくっている人だった。国立《くにたち》のセレクトショップでその服を販売していた。同じ店でミナの服も扱われていたので、店のクリスマスパーティで知り合ったのだ。石澤はその頃からミナの服が好きだと言ってくれ、アトリエにもよく遊びに来てくれるようになった。人柄もすばらしく、ミナの服への理解も深かった。店長をお願いするとしたらこの人しかいない、と考えたのだ。しかも石澤はどこか明るいオーラのようなものをもち合わせていた。苦労を苦労と思わないタイプといえば、長江にも共通するところだった。

働くことを何におきかえるかを考えることはなかなか難しい。たんに雇われて給料を得るだけが目的であるのなら、自分の労働への対価は「見合うかどうか」の視点で考えることになる。そのことじたいは間違いではないし、正当なことだと思う。しかし対価は、あくまでも働くことのよろこびの結果として、得られたほうがいい。その順番が逆になっていると、働いても働いても、不満が消えないことになる。

これればかりは人生観にもかかわってくることだ。人はかならずしも相性のよい仕事に就くことができるわけでもない。それは残念ながら、認めないわけにいかない。ただ、目の前の仕事をどう考えるかによって、仕事の苦労や対価への感情は変わってくる。このことは知っておいてもいいことではないかと思う。

直営店をスタートさせるとき、自分たちを突き動かしていたものは労働への対価で説明できるものではなかった。関係する人間がみな、そのように動いてくれたことを、いまも深く感謝している。

石澤は自分のブランドもつづけていたから、その仕事の都合もあった。当面は月に十七日間の限定で、店長として働いてくれることになった。そうだとしても心強い。出発当時の白金台の直営店は、カーテンで三区画に仕切られて、店舗、アトリエ、生地の在庫の保管場所にあてていた。店内で使うボックス、什器については、妻が日曜大工でつくってくれた。ぼく自身もアトリエにこもるわけではなく、接客もしたし、会計係をすることもあった。みなが手分けをして店をまわしていた。

販売担当で来てくれたのは南部史子だった。石澤の友人で、カフェで勤めていたのを辞めて、来てくれることになった。南部はいま販売管理の責任者をしてくれている。

ぎりぎりまで店舗の開店準備はつづいた。

そして、オープン当日を迎えた。

残高五万円

白金台店のオープン当日、預金通帳の残高は五万円だった。しかも金融公庫に五百万円の借金がある。

これから直営店の販売を始めて、残高を増やす以外に方法はない。

売れなかったら、給料も払えないし、生地も買えない。家賃も払えない。「ミナ」は潰れるかもしれない。

長江はもちろん残高を知っていた。石澤にもこのことは伝えてあった。

長江は、うまくいかないんじゃないか、というふうに考えていないようだった。だから不安そうな顔などひとつもしていなかった。しかし、懐にたった五万円でのオープン当日は、忘れようにも忘れられない光景として記憶に残っている。オープンの前日は雷雨になり、十月にしては肌寒いような天気だった。

そして、二〇〇〇年十月十日、火曜日。オープンの日になった。午前中はまだパラパラと雨粒が落ちてくる。

ぼくはどうやら雨男らしい。その後、あたらしい店をオープンするたびに、天気は雨か雪になることがしばしばだ。寒いとか暑いとかはまだいい。雨や雪は服を買おうという気持ちに文字通り、水をさす。

オープンの時刻になった。

お客さまの出足は悪かった。午後にはすっかり雨もあがって、気温もあがってきたが、お客さまの数はさほど増えない。このままの感じだったらどうしようと内心不安になった。水曜、木曜と、同じような状態がつづき、金曜日になってようやく、お客さまの数が増えはじめた。

週末のオープニングパーティの日。

友人、知人も多いのだが、連れられて来たらしい未知のお客さまも多く、店のなかは不思議な熱気のようなものが溢れていた。花やお菓子を持って来てくださる人もいた。この日を心待ちにしていました、と笑顔で伝えてくれる人もいる。服もよく売れた。

この週末を境に、店の評判が広まりはじめたのか、次の週からはお客さまの数が目に見えて増えていった。じっくりと長い時間店内にいて、何度もくりかえし服をためつすがめつしてくれる人が目立つようになった。

会計をしめてみると、とても一日の数字とは思えない、ほぼ百万円の売り上げになる日も出てきた。ただ驚いていた。

この数字はなにを意味するのだろう。

阿佐ヶ谷時代に決まった「装苑」の連載も、白金台店オープンとあわせたかのようにスタートした。見開き二ページ。ミナのファッション写真とぼくの八〇〇字のエッセイで構成されるものになった。それがのちに『旅のかけら』として本にまとまることになる。この連載はそれから十五年つづくことになった。「装苑」の影響力はおおきかった。連載が始まると、認知度が全国規模にひろがって、ミナの取り扱い店が日に日に増えていった。この頃になってやっと、ぼくが月に二十万円（配偶者がいる分、多くさせてもらった）、長江が月に十五万円の給料を手にできるようになった。

ファッション誌でも新人デザイナーとしてとりあげられることが増えてきていた。バックグラウンドのない新人デザイナーで直営店をもつのはめずらしい、と書かれた記事もあらわれた。以前よりもミナが注目されるようになり、流れる情報の量が増えてきていたのはたしかだった。

お客さまとの断片的な話では、伊勢丹やUNITED ARROWS、ADAM ET ROPÉやベイクルーズで買ったことがある、という声が少なからずあった。あたらしい店にはどんな服があるのか。ほかの服も手にいれて着てみたい。そんな気持ちで白金台までやってきてくださったらしい。

あとは、SNSのない時代にはたしかめようもないことだが、口コミによる広がりがおおきかったのではないかと思う。白金台の店に来て、服を見た人、買った人、着た人の、実感のこもった感想が人から人へと伝わっていったのではないだろうか。着ている人が「どこの服なの?」と聞かれる場合もあっただろう。

毎日、店をあけるのが楽しみになっていった。お客さまの途切れる日がなかった。あたらしい服をつくりたい気持ちもさらにふくらんだ。一ヶ月の売上げがこれまでのワンシーズン分、つまり六ヶ月分に迫るような数字を記録するようになった。

直営店をひらくことに、やはりおおきな意味があったのだ。

自分たちがつくった空間で、自分たちが接客をし、自分たちの服づくり、ものづくりをいかに伝えるか。お客さまとの接点をもつこと。直営店を始めてみて、ここで経験できることのすべてが、自分たちのブランドのあり方を決める原理原則のように働きはじめるのを感じた。

ぼくが店に顔をだして、お客さまに直接、生地や縫製について説明することもあった。ずっと長く着てください、修繕もしますから、とも伝えた。

「懐かしい服」と言われ、「柄やシルエットがノスタルジック」と評されることも多かった。それはトレンドの服を着るよろこびとは別のものだ。トレンドの服にある緊張感のようなもの。ミナの服は、シーズンで色あせてしまうようなスピード感をもとうとはしなかった。セールはしない、と決めていたのも、ミナの服が、ワンシーズンで役割を終える服ではない、と考えていたからだ。ながらく着てくださって、ほつれたり、ボタンがとれたりしたら、こちらでお預かりして直す。安くはない服を手にいれてくださるお客さまの、ミナの服への信頼を損ないたくはなかった。シーズンが終われば役割も終え、価格も下がるトレンドの服。お客さまとのシーズンごとに終わる緊張関係ではなく、いつまでも変わらない、安定した親密な関係を結びたいと考えたのだ。

とても熱心なお客さまからは、卸し先が増えてきていることを感じて、これ以上広がらないでほしい、という声も聞こえるようになった。直接、声をかけられる場合もあった。そのときには、「むやみにたくさんつくるつもりはないのですが、着たいと思う人の分はつくりたい、届けたいと思うんです」と話した。

直営店での販売がこれほど好調になってくると、卸し先からの受注数とあわせて、工場の生産ロットも考慮しながら製品数を決める判断が難しくなってくる。売れなかった時代には、数のぶれようがなかったのだが、急に販売量が増えてくると、つくり過ぎて売れ残る可能性がでてくる。セールをしないのだから、在庫を抱えるリスクはおおきい。

生産ロットに適した長さの生地を、すべて使い切って服をつくってしまうと、服の数が多くなってしまう場合がある。それを避けて必要な分だけ服をつくり、余った生地でほかの小物をつくるようにした。たとえばその布に刺繍をほどこし、かたちと用途を変えれば、生地も生まれ変わる。生地を余らせない用途を考えることに、あたらしい服をデザインするのと同じくらいの熱量をかけた。

ファッションの世界では、セールをしても売れ残ると廃棄してしまう。在庫の反物も、サンプルも同じだ。近年はこの廃棄問題をあらためようとする動きもあるようだが、当時はあまり問題にされることもなかった。

自分は同じ方法をとりたくなかった。理屈よりなにより、感覚的に廃棄はできない。余らせないようにしようとするのは、魚市場でのアルバイト経験に原点があると思う。

無駄になる部分をつくらないこと。親方から厳しく教えられた。マグロを骨にそってさばかないと、身が骨の側に残ってしまう。そうならないさばき方を学んだ。日本料理はとりわけその傾向が強い。鯛をさばいて刺身をつくるときも、残ったアラでアラ汁をつくったり、甘く煮付けたアラ煮をつくったりする。それぞれ味わいもちがう。鯛に捨てる部分はほとんどない。手をかける料理のたのしさもある。素材をどう活かすかは、服の縫製も魚料理もほとんど同じといっていい。

ぼくは六畳のアトリエ時代から料理をしてきたから、材料と出来上がるものとの関係を実践で身につけてきた。服で同じことができないはずがないと考えたのだ。苦しい時代のアルバイトの経験も、アラ汁に使われるアラのようなものだった。経験はぼくのこころとからだに沁みこんで、ぼくの服の仕事のあり方に、少なからぬ影響を与えることになった。

「スパイラル」での展覧会

直営店のスタートから二年後の二〇〇二年には、表参道の「スパイラル」で最初の展覧会をした。次女が生まれた頃のことだった。

ファッションショーではなく展覧会にしようと思った理由はシンプルだった。限定された人数のお客さまに見てもらうというより、ファッション業界のジャーナリストに見てもらうファッションショーにお金を使うのだったら、まずは生地にお金をかけ、縫製にお金をかけ、価値のある「着てもらえる」服をつくるべきではないのか、と考えたのだ。

そしてショーではなく展覧会にすれば、一定の期間、お客さまにじっくり服を見てもらうことができる。ジャーナリストにもじっくり服を見てもらえる。「スパイラル」のなかにある展示空間、スパイラルガーデンは無料で入場できるから、通りがかりのお客さままでも気楽に入ってもらえる。「スパイラル」を設計した建築家・槇文彦さんによる空間のなかに、ミナの服を並べてみたい、という気持ちもつよくあった。

スパイラルでは二階のショップでミナの小物を扱ってもらっていたので、展覧会開催の可能性について打診してみた。しかし、こちらからの持ち込みの展覧会だったから、スパイラルガーデンはレンタルの扱いになる。こちらの予算ではとてもではないが支払える額ではないとわかった。

諦めたくなかった。たとえば展覧会での物販の掛け率を通常とは変える提案をし、スパイラルにとってもやってよかったと思ってもらえる展覧会にしようと知恵をしぼった。相談を重ねるうちに、じゃあやりましょう、と当時のプロデューサー、いまはスパイラルの館長になった小林裕幸さんが受けてくれることになった。こちらの想いに、好意で応えてくれたのだった。

受けてくれたからには、展覧会を成功させたい。たんに自分たちの服や小物の展示というのではなく、展覧会場だけの経験をつくりたい。そう考えた。展示構成は菊地敦己さんにお願いした。

ミナのシンボリックな存在になりつつあったミニバッグを、お客さまに気に入った布を表と裏の二種類選んでもらって、そのオーダーを会場で受けつける、という展覧会限定の特別注文として受けることにした。すると、朝から会場に行列ができる日もあるほど、希望してくださるお客さまが現れるようになった。

ミニバッグはもともと気軽に買うことのできる小物としてつくりはじめて、人気が出てきた頃でもあった。そのミニバッグの布を自分で選ぶことができるという限定的な魅力もあって、行列ができるほどの人気となったのだ。

展覧会での物販も予想を上回るものになった。来場者数も二万人を超えた。「スパイラル」も結果に驚き、満足してくれたのだと教えてくれた。それ以降、創業十年、十五年、二十年、とサイクルを迎えるたびに「スパイラル」での展覧会がつづくようになった。一回目の展覧会の成功が、そのあとにつづいていった。

「スパイラル」の五階にはいま、カフェを併設したミナ ペルホネンのショップ「call（コール）」が入っている。「スパイラル」との長いつきあいが、このような試みの店まで誕生させることになった。

採用と出店と

最初の展覧会にボランティアスタッフとして参加してくれたのが、その後のミナ ペルホネンでぼくのアシスタントをし、現在は経営陣にいる田中景子だった。

田中は京都精華大学を卒業するタイミングでぼくに手紙を書いてきた。ミナで働きたい、という主旨の手紙だった。

手紙の筆跡がきれいだった。言葉遣いもきちんとしていた。

京都のギャラリースペースで小さな展覧会を開くタイミングがあったので、そこで田中と会うことになった。

ぼくの前に現れた田中は、ヒョウ柄のシャツを着て、鼻ピアスをしていた。ミナが好きで就職を希望している人とはとても見えない姿だった。

京都精華大学ではテキスタイルを専攻していたという。卒業して、京都の祇園のお茶屋でアルバイトをしていた。ミナについては、いきつけの美容院で教えられて初めて知ったという。「生地の勉強していたんでしょう、ここはおもしろそうな会社だよ」と。ミナでなにをしたいのかと聞けば、デザインをしたいという。とにかく他の応募してくる人たちと毛色がまったくちがって、異彩をはなっていた。そして、もっと話を聞いてみたいと思わせるところがあった。自分のコピーのようなデザイナーでも、ブランドの熱心な支持者でもないところがおもしろい。たしかなことは手紙の筆跡と丁寧な文章だった。

とりあえず、スパイラルで開かれる「粒子」展に、ボランティアスタッフとして参加してもらうことになった。

外見的にはまったく異質なのに、この人にはなにかの核のようなものがすでにあると感じた。いろいろな経験をして、そこで強い風に吹かれたり、日にさらされたり、強い雨を受けたりした、風合いがあらわれているような人柄だった。買いかぶりすぎだった、という結果になるかもしれない。それでも直感的にこの人に来てもらおう、と思ったのだ。平均点が高いことより、無難であることより、田中の異彩はぼくを惹きつけた。

入ってもらってから、テキスタイルのデザインをしてみたら？　と声をかけると、のちに「triathlon（トライアスロン）」という図柄になる、切り絵でつくった柄をつくりはじめた。まず画用紙に絵の具を塗って、何枚もの色紙をつくり、その色紙を大正生まれの画家・山下清のようにちぎっては貼る、という作業を一週間も二週間も飽きずにつづけていた。

その集中ぶりに驚いた。これくらいで仕上げたほうがいいかな、というようなまわりを気にして躊躇するところがない。絵に対する執着心のようなもの。この粘りは、経営にもかかわる能力として、のちに頭角をあらわすことになる。やはり田中には深く広い水源があったのだ。

いつの間にかミナが世の中の少なくはない人たちに認知されるようになり、直営店をつくることで、そんなお客さまとのあいだの回路がつながった。つくりたい服をつくる、という意味では直営店のできる前も後もかわらなかったが、以前は崖っぷちのように思える場所でつくりたい服をつくっていたのに、いまはのびのびと広い場所で同じことができている。しかも、頼りになる仲間がつぎつぎに増えてきた。

「ミナ」というブランドは、ずっと滑走路を低速で走るばかりだったのに、気がつけば、ふわりと離陸していたのだ。ここまで育つのにはずいぶん時間がかかった。時間がかかった分だけ、認知度も一朝一夕でつくられたのではない底堅い広がりがあり、軌道に乗った感触にはゆるぎない安定感があった。そして、離陸して見えてくる景色は、それまでとはずいぶんとちがうものだった。

九五年に創業したとき、Ａ４の紙に「せめて百年つづくように」と書いた。誰に見せるわけでもなく。自分の代だけで終わらないブランドに「ミナ」を育てたい。その考えからすれば、まだ始まったばかりだ。やることもたくさんあるだろう。直営店を出した後も、その気持ちに変化はなかった。この先はまだ長いのだ。

当時は新人デザイナーが世の中に認知されると、アパレル商社が、そのブランドを買収するというＭ＆Ａがよく行われるようになっていた。創業デザイナーは自分のブランドをアパレル商社に売却して、そこでひきつづきデザイナーとしてブランドに残る、というパターンだった。しかし会社を売ってしまったら、ブランドそのものの行方を自分でハンドリングすることはできなくなる。

自分にも声がかかったとしても、「せめて百年」と書いた自分がそのような提案を受け入れるわけにはいかない。

「せめて百年」は自分への誓約書のようなものだった。「ミナ」を始めるところまではできる。でも自分の理想とするブランドになるには、自分の一代では難しいだろう、せめて百年のうちの三十年は自分が全力を尽くして、その後を仲間に託す。ぼくは駅伝もやっていたから、つなぐ、ということの意味や価値を体感的に知っていた。タスキを渡すときは、へとへとで倒れこむように渡すのでは駄目なのだ。次のランナーが走りだし加速しようというところへ、全力で走りより、しっかりとタスキを渡して未来を託す。

百年かけてなにかを達成するための土壌をつくるような仕事。自分に与えられた仕事はそれだ、という自覚が、ゆらぐことなく胸のうちで育っていた。

第6章

国内で服をつくる理由

良心とビジネスプラン

ぼくの仕事の姿勢は妙に理想論的なものとして映ることがあるらしい。

工賃の安い海外に発注しないこと。国内の繊維産業の担い手の仕事を守ろうとしていること。セールをせず、お客さまの手元にある服の価値を維持していること。いまどきそのようなアパレルはないという見方から、それは皆川の正義感や義侠心からやってくるもので、利益を度外視したロマンチックな姿勢にすぎず、現実的じゃない、と言われることもある。そんなやりかたで長続きするのか、と。

利益を度外視した、とまで言われると、説明が必要になる。

ものづくりはどうあるべきか。それを正面から考えることが「正義」だとしたら、こう言うことができるだろう——「正義」から出発するほうが、かえって良い循環が生まれるのです、と。じゃあ「ビジネスプラン」は一体どうなっているのですか、と食いさがられたら、国内の繊維産業と緊密に連携することで、価値の高い仕事を持続的に創造することができ、その結果として、お互いに収益を得られる仕組みになっているのです、と答える。

利益を度外視していたら、ミナはつづけられない。自分の信念にもとづいたビジネスをしながら、それが社会的な価値を生む——そういう考え方と姿勢をベースに、これからも服づくりをつづけていきたいと考えている。

国内の生産者と仕事をすることには、おおきく分けて二つの目的と利点がある。

ひとつには、物流にかかる時間とコストを少なくしたいということ。試作品を送ってもらったり、送り返したりしながら、補修や方向転換をして製品を仕上げていくとき——ぼくたちはここにもっとも時間をかけている——、工場が遠かったり、あるいはあいだに中間業者が入っていたりすると、時間もかかればコストもかかってしまう。おおきなロスになる。

もうひとつは、生産者とのコミュニケーションの重要性だ。

生地や服のデザイン、ディテールでなにかを発想して、それをかたちにするまでには試行錯誤があり、ときには生産者と直接、顔と顔をつきあわせてのやりとりが必要になる。いざというときには工場にかけつけて、機械を前にしながら技術者と相談できるかどうか。その安心、信頼は欠かせない。

そもそも物流にコストと時間をかける余裕があるのなら、モノそのものにコストと時間をかけたいのだ。だから単に工賃が安いからといって、国外に発注することはとてもできない。

いまぼくたちが直接、取引のある工場は国内に二十社ほどある。そのうち、つねに密接にやりとりのある生地屋さんは四社。シーズンごとのものづくりのなかで増減はあるけれど、継続してつきあいのある工場は十六社ほどある。

設立当初から考えると、ずいぶん増えたと思う。それぞれ特色のある工場ばかりだ。工場の側の事情が変わらないかぎり、これからも取引はつづくだろう。ミナの服の生命線は生地のクオリティだ。ここを守らなければ百年つづくブランドにはならないだろう。

白金台に直営店をオープンして四、五年が経つ頃に、あのブランドはよい生地を選んで使うところだ、という評判が広まるようになっていった。腕に覚えのある生地屋さんがプレゼンテーションをしにやって来てくれるようになった。年商でいえば六億円くらいになった頃のことだったと思う。三女を授かり、ぼくが三児の父になったのもこの頃のことだ。同時期にヨーロッパでの卸し先に服を見てもらい注文を受けるため、パリでの展示会も始めた。

生地屋さんのうち、もっとも親しい四社は、創業以来お世話になってきた「神奈川レース」、八王子にあるジャガード織りの「大原織物」、京都のプリント工場「西田染工」、あともうひとつ、福井のベルベット工場「山崎ビロード」だ。

滋賀県石部にあったプリント工場にも忘れがたい記憶が残っている。工場とのやりとりは、いつも人とのつながり、紹介から始まっている。

独立したばかりの頃、生地生産業の知り合いに声をかけられた。「面白い社長がいるのだけれど、よければ会ってみませんか」と。ぜひとお願いして紹介してもらったのが、プリント工場を経営する木村社長だった。笑顔が印象的な人だった。木村社長はぼくが始めようとしているブランドの話をじっくりと聞いてくださり、ぼくの目指すものを理解したうえで、ふさわしい生地屋さんをはじめ、いくつもの取引先を推薦してくださることになった。

それでも、ぼくのつくる服がいったいどれくらい売れるのか、まったくわからないときである。工場にとって商売になるのか、ならないのか、蓋をあけてみないとわからない相手なのだ。

本来、工場は適正なロットで発注しないと、なかなか引き受けてくれない。一定の期間、機械をおさえて稼働させ、終われば機械を整備する必要があるから、ほんの少しの注文では手間がかかるばかりで割に合わないのだ。大口の依頼があればそちらを優先するのが当然だ。しかし木村さんは、「いまは必要な分しか頼まなくていいからな、いつかきっとちゃんとした量を注文できるようになる、それまではオレが調整するから心配するな」と言ってくれ、出発まもないミナを応援してくれた。ほんとうにありがたいことだった。

木村社長のプリント工場は、ふつうの顔料のほかに、フロッキーというベルベット状のプリントや箔プリント、布に布を貼り合わせるなどの特殊プリントを得意とする工場だった。一九八〇年代のいわゆる「ＤＣブランド」ブームの頃は、COMME des GARÇONSやISSEY MIYAKEなど、急成長したブランドから発注された手のこんだ特殊プリントの布などをつくっていて、それらのＤＣブランドとともに成長した会社だった。九〇年代に入ってまもなくバブル景気がはじけ、アパレル業界全体が次第に静かになってゆくなかで、木村社長は将来を見据えながら、若手のブランドもバックアップしていこう、と思ってくださったのではないかと想像している。

ところが、二〇〇五年頃、工場が全焼するという不運に見舞われた。機械も資材もすべて失われた。木村さんは数年後、同じ場所にあらたに機械を買い入れて工場を再建することになる。しかし、工場が火事で失われ機能していない期間は、得意先は他の工場と取引せざるを得なくなる。時間が経過するうちに得意先の仕事は他の工場に定着してしまい、戻ってこない場合もあっただろう。以前と同じようには注文が入らず苦しい再スタートだったと思う。しかし「これからだ、がんばろう」と決意をあらたにしていた矢先、木村さんは病に倒れ、亡くなられた。

火事からの再建を目指すとき、ミナにもようやく資金の余裕ができてきていた。考えた末、まとまったお金をお貸しした。社員には相談しなかった。借用書ももらわなかった。役に立ちたかったし、あまりある恩義が木村さんにはあったからだ。

現場を取り仕切っていた方が、いまは独立して別会社を興している。展示会でお客さまにお渡ししているノベルティバッグのプリントは、いまもその会社に発注し、シーズンごとに異なるイラストを、毛足のあるフロッキーでプリントしてもらっている。

いちど仕事で深いつながりをもったところとは、なるべくそのつながりを保ちたい。ぼくたちが仕事をしている工場は、家族経営であったり、地元に根ざしたファミリー的な工場であったりすることが多い。こうした家族経営の工場をつぶさないことを、半ば自分たちの責任として、ミッションのようなものとしても意識している。ミナの仕事の比率が高い工場には、一定の仕事量を維持できるように、生地の在庫の状態をよく見ながら、お互いによりよい発注のタイミングとなるよう意識している。

商売と責任

自分たちはまぎれもなく小さな商売からスタートした。その出発点を忘れず、技術に優れ、仕事が丁寧な、信頼すべき小さな工場をできるだけケアしながら、自分たちのデザインのさらなる完成を目指していこう――そのようにこころに決め、ミナの仕事を進めてきた。それはやせ我慢などではなく、自然な成り行きだったと思う。

子どもの頃のことを、いまもときどき断片的に思い出す。小学校ではいじめられたこともあった。喧嘩もよくした。いじめられっ子がいることも見ていた。友だち同士で遊ぶときには、いじめられっ子には必ず声をかけた。仲間に入れるようにしていたのだ。そのような行動が自分のどんな経験に由来するのか、どんな心理からくるものだったのか、いまでもよくわからない。正義感というよりも、なにか動物的なこころの動きだったような気がする。

いじめられっ子をたとえにするのは適当でないかもしれないが、ベルベットやレースも、服の素材のなかでは日陰に追いやられ、表舞台から姿を消しかかっていた素材だと思う。

アパレル業界が原価率をベースにしてデザインを考えるようになってから、ベルベットは素材として敬遠され、使われなくなってしまった。たしかにメーター単価はそれなりに高い。ただ、ほかの布にはない手触りや質感を考えると、忌避されるほど高いとはいえない。ぼくらの子ども時代は、たとえばピアノの発表会のドレスなどにはベルベットが使われて、上質感の象徴のような生地だったのだが、そのようなイメージはいつしか廃れてしまった。

レースは、もともと下着に使われる素材としての需要がおおきかった。下着は国内の大手メーカーの寡占状態にあったのだが、生産の現場が中国に移ってしまうと、国内のレース工場がいくつも消えていった。

その流れのなかで、レースも使われなくなった。アパレルの社員デザイナーとして働くことになったとしても、レースを素材としてつくるチャンスはいま、なかなかないはずだ。仮にレースを使いたいと望んでも、営業部やマーケティング担当者に、コストがかかりすぎると却下されたりするだろう。デザイナー決済で生地を決められないかぎり、レースはなかなか使えない。そういう時代になってしまった。

書籍の世界でも、全集のようなものでない限り、函入の本はめったに見かけなくなった。表紙に布のクロスを貼り込んだ本も、タイトル文字に金箔をあしらった箔押しの本もきわめて少ない。おそらく原価がかかりすぎるという理由で却下されてしまうのだろう。

本を読むという経験を、視覚や触覚を通じて豊かにしてくれてきた技法を、コストだけを理由に使わないとは、なんともったいないことかと思う。レースやベルベットもまったく同じだ。服を着るという経験を豊かにし、ときには気持ちをすっかり変えてしまうような素材を、デザイナーが使えないのでは、デザインの可能性を自らせばめてしまうことになる。コストの数字ばかり見ていると、着る人の気持ちへの想像力が次第に痩せてゆくことになりかねない。

百年単位で磨かれ、人から人へ伝えられてきた技法をもつ職人は、仕事がなければ職を失う。機械であっても同じだ。使われなくなった機械はやがて廃棄される運命にある。百年単位で築かれてきたものであっても、失うのは簡単、あっという間なのだ。それを甦らそうとしても、機械も職人もすぐには取り戻すことはできない。

ベルベットもレースも、技法やデザインが洗練されながら、その時代に生きた人たちに着ることのよろこびを与えていった。しかし手間やコストを理由に、あるいはファッションの流行り廃りに揉まれながら、次第に使われなくなり、忘れられつつあった素材なのだと思う。

ベルベットやレースなど、顧みられなくなった素材をミナらしいデザインで取り入れることによって、ミナはブランドとしての特色のひとつを出すことができたように思う。

独自なデザインであっても、受け入れられて人気が出はじめると、追随しようとするところが出てくる。いつの時代にも起こってきたことだと思う。たとえば、ぼくらがデザインによく取り入れる刺繍についても、似たようなことをやろうとするところが出てくるようになる。

刺繍というのは、じつはガチャンガチャンと刺していく一針がいくらという計算で料金が決まってくる。ごくシンプルなコスト計算なのだ。ミナが広く知られるにつれて、刺繍があしらわれたデザインを真似る商品が出回るようになった。しかし、刺繍を見れば、あきらかにちがうとわかるはずだ。類似品は当然ミナよりも安くする必要がある。となれば必然的に刺繍の針の数を減らすしかない。減らせば刺繍が頼りなく、薄く、痩せたものになる。ミナの刺繍は結果的にコストがかかっているから、簡単には真似ができないのだ。

とはいえ類似品をそのまま放置しておくことはできない。ミナの意匠がはっきり真似られていると判断できる場合には、めんどうなことだがひとつひとつ連絡をして、自主的に回収してもらうようにしている。ただ、ミナのデザインが本質的なところで奪われたり超えられたりする心配はしていない。手を抜かず、しっかりつくることが自分たちのブランドを守る――そう体感できているかぎり、恐れることはなにもないと思っている。

批評する目

ブランドにとってのデザインは、アイデンティティのよりどころであり、自分たちを守るものであり、ブランドの未来をつくるものだ。

ぼくが描く図案については、ぼくが一から描いて仕上げている。しかし最終図案にいたる過程では、スタッフのアイディアからヒントをもらう場合もあるし、スタッフのラフスケッチから図案がスタートする場合もある。そのようなやりかたをしているとはいえ、自分のデザインが裸の王様のようなものになり、誰からも何の指摘もされないアンタッチャブルなものになってしまうのがいちばん困る。そうなってしまったらブランドが痩せていくことになる。そんな会社になってしまったら、組織として恐ろしいことになる。

適切な批評が必要なのだ。どこがいいのか。どこがよくないのか。言葉にして伝え合う必要がある。「せめて百年つづく」と考えるブランドには、ブランドを守ってゆく目と、ブランドの伝統を更新してゆく目がほしい。

ぼくのデザインを客観的に、遠慮なく批評してくれるのは、初めて会ったときにヒョウ柄のシャツに鼻ピアスで現れた田中景子だ。入社して十八年になる彼女は、いまは経営の全体を見ながら、デザイナーとしてもシーズンごとに三、四点の図案を描いている。ぼくが描く図案について、それぞれのシーズンの全体の流れ、空気感のなかで、どう評価できるのかを率直に知りたいときには、まず田中の意見を聞いている。

ぼくも人間だから、いいことを言われたら、うれしくなる。ほめられることもエネルギーになる。しかし田中はぼくがよろこぶような意見を、よろこばせるために言うことはない。そのような遠慮や忖度は田中にはない。ぼくの描いている図案について、「ちょっとかわいすぎるのではないか」とか、「その柄はもっとおおきく見せたほうがいいのでは」など、躊躇なく具体的に指摘してくれる。その指摘する言葉を、指摘してくれる田中を、ぼくは信頼している。

田中のその姿勢は、ぼくに対してばかりでない。どんな場面でも、どんな立場の人に対しても、変わらないのだ。物怖じするということがない。遠慮もしない。どんなに立場が上の人であろうとも、ミナがおびやかされるような場面に立たされることになったら、自分の考えを整理し適切な言葉を使ってストレートに意見を言うことができるだろう。田中なら先頭に立って闘うくらいのつよい意志がある。

田中は入社する前にニューヨークで一年間暮らしていた。祇園のお茶屋でアルバイトをしていたときも、未知の世界を垣間見て、吸収できることは吸収し、どう身を守ればいいのかも学んできたのだろう。田中は学生時代に空手の修業をした有段者でもある。

ぼくたちのブランドはおおきな組織やおおきな企業ともやりとりすることが増えてきた。会社の規模やパワーを根拠に、自分たちが優越的地位にいると思い込み、ひょっとしたら無意識のうちにぼくらを下請けのように考えているのではないか、と思われるような場面に出会うことも、ないわけではない。

田中はそんなときにも、一対一のかまえを崩さず、冷静にこちらの考えを伝え、しかし譲歩する必要のないところで一歩さがるようなことはしない。

闘うよりも、丸くおさめようとするほうを選ぶ社会に、ぼくたちは生きている気がする。もちろん、その考え方のほうが有効な場合もあるし、不要な争いは避けるべきともいえる。ただ、組織のなかに入ったあとに、すべて丸くおさめていたらどうなるだろう。

組織のなかで、会社のなかで働く、ということは、ひとりの人間が組織のなかで、会社のなかで、どのように自分を押し出してゆくかが大事なことだと思う。自分の色を会社の色にあわせて染め、手足となってがむしゃらになって働くことが高度経済成長期を支えてきたのは事実かもしれない。しかしもうそのような時代は終わっている。手足となって働いてきた人たちが責任ある地位に就くようになったとき、やはり自分の手足がほしいと願うだろう。批判やあたらしい提案が受け入れられることのない環境は、固まってしまい動かなくなる。柔軟性のない固いものは、落とせば割れてしまう。手足となって働く人ばかりの会社はあぶないし、脆い。手足ばかりで、頭もこころも乏しい会社に、未来はないと思う。

就職活動をするとき、多くの人は受ける会社の水に合わせようとする。未来を真剣に考える会社にとっては、水に合わせようとする学生は想像できる範囲の人間、枠にはまる人間でしかないはずだ。想定内の人間ばかりを会社が欲しているとしたら、その会社は先の未来で、なにをしようとしているのだろう。

面接官を圧倒するくらいの力量のある人間、「なんだろう、この子は？」と思わせるような人間の能力が発揮できるような会社、組織でありたいと思う。それは受け入れる側の度量が試されることでもある。もちろんスタッフが全員、田中のようである必要はない。しかし田中がひとりいるか、いないかだけでも、組織の命運が左右される場面は間違いなくある。

天使の力、背負う力

自然界がそうであるように、会社も組織も多様性を抱えることで持続が可能になる。一色、モノトーンになったとき、そこから先は、養分を失った衰弱と、取り戻せない後退が待っている。

創業からいっしょにやってきた長江青はアーティストと結婚し、十年あまりベルリンで暮らしていた。会社に籍は残し、折々に日本にやってきては顔を出して、手伝ってくれた。夫妻で帰国することが決まり、いまふたたびフルタイムで働いてくれるようになった。

長江は、まったく人を疑わない。人を悪く見ることがないのだ。その純粋さは、ずば抜けている。創業してから今日にいたるまで、その人柄が摩耗することも目減りすることもなかった。いまもそのことにシンプルに驚かされる。

大学を卒業するまでの二年間、交通費だけの無給で働いてくれた長江は（賄い料理はぼくがつくったから、ささやかながら「食事つき」ではあった）、大学を卒業するとそのままミナに就職し、創業時からの苦労をともにした、ただひとりの人だ。

繰り返しになるが、白金台の直営店をオープンして利益が出るようになったとき、無給で働いてもらった二年分をこれからプラスして払うからね、と言ったら、今後はもっと人が必要になるし、お給料が増えることを励みにしてがんばる人もいるでしょうから、わたしはこのままでいいので、わたしの分もそういう人に使ってくださいと長江は言った。長江が言うのでなければ、いまどきリアリティをもたないかもしれない言葉だ。

二年間、タダ働きに近い状態でも、ぼくが負い目を感じないでいられたのは、長江の働く姿を見ていたからだ。邪念の入りこむ隙のない横顔が、黙っていてもそれをぼくに伝えてきた。ミナはぼくだけの夢ではない。長江にとってもそれは同じ、という横顔だった。働かされている感じなどどこにもなかった。長江が最初のアシスタントでなかったら、果たしていまのミナがあっただろうか。口を滑らせるようにして言えば、神さまのような存在があるとするなら、そこから遣わされた人のようだと感じることがある。本当に不思議な縁だと思う。

長江はいま広報担当、プレスのリーダーをしながら、ロングセラーになっているtori bagやアクセサリーなど、デザイナーとしての仕事もつづけている。

ブランドのプレスとしては異色のタイプだと思う。現場を手際よく仕切ったり、誰にでも体裁よく接したり、お世辞を言ったりすることはない。いわゆる天然というか、ちょっと抜けているところさえ感じられるかもしれない。それも含めて、展示会やオープニングの様子を見ていると、長江に会うことをたのしみにきてくれる人が多いのがわかる。誰に対しても公平なのだ。ヒエラルキーのなかで人を見ることがない。つまり、そうした役職や地位を意識する人たちにとっては、自分を優先すべきではないか、と思われる場面もあるかもしれない。しかしそれがトラブルにならないのは、「長江さんはそのような上下関係にはまったく囚われない人」という認識が浸透していったからだと思う。長江もなにがいちばん大事なのかをわかっているから、余計なことに配慮する必要を感じないのかもしれない。

十二年前、ベルリン在住のアーティストと結婚することになって、長江はドイツに移住することになった。移住について相談されたとき、それは行くといいと即答した。そのかわりベルリンで、あるいはヨーロッパで、ミナができることはなにか、考えてきてほしい、お給料は払うからね、と言った。給料を上げると言っても断るような長江に、こんどこそ恩を返すタイミングでもあった。

海外居住の場合の税金面から、社員からいったん業務委託に契約を変えたが、長江はミナのスタッフとしてベルリンに旅立った。そして、パリの展示会などヨーロッパのイベントにはいつもベルリンからかけつけてくれた。

長江がベルリンで暮らしはじめたころ、もし自分が死んだら誰にミナを託せばいいだろうと初めて考えることになった。

「せめて百年つづく」ブランドを率いてもらうのは、やはり田中しかいない。これは迷いのない判断だった。そう思ってすぐに、そのことを本人に伝えた。

経営能力と呼ぶものとは少しちがう能力が田中にはある。経営能力と言ってしまえば、MBAの資格を持つ人間や、コンサルティングを専門とする人間にも、それはあるのかもしれない。田中が持っているものは、それとは色合いも気配もまるでちがうもののような気がする。もっと野生的なもの、直感的なもの。いざとなったら数字を捨ててでもブランドを守る能力。

背負う力、とでもいえばいいだろうか。

ブランドは経営的な視点だけではやっていけない。つくづくそう思う。もう少し野生的な力が、どうしても必要になる。田中にはそれがある。

D to Cの時代に

二〇二〇年に創業二十五周年を迎えた。

重要な経営判断というのは、これまでほとんどしたことがなかった。

あたらしい直営店の出店は営業的には大事だけれど、経営が揺るがされるようなことではない。ひとつ判断を間違えば会社が危機に立たされる、というような重要な案件はこれまでのところなかった。しかし、時代や状況が変化していることもまた事実だ。たとえば、お客さまのライフスタイルにすっかりウェブが浸透するなかで、ミナがお客さまのためになにができるのだろうか、と考えるようになったのは、時代からの要請だと感じている。

この十年くらいの間に、卸し先の店がそれぞれのウェブサイトでミナの商品をオンライン販売するようになってきた。しかもその勢いが加速してきた。

全国各地の店での販売では、店舗に服を並べて、お客さまが実際に服を見て、買ってくださる、その場を提供していただくことが前提になっていた。地方に在住されているお客さまが、地方の店舗でミナの服に触れることができたのは、おおきなことだった。ミナが地方でも浸透していったのは、卸し先の店舗のおかげだった。このことについてはいまも感謝している。

しかしオンラインで販売されるようになってくると、こちらからそれぞれの店舗に服を送り、服はその店には並ばないまま、写真を見てネットで注文されたお客さまに転送され、販売されるに等しい状況も起こるようになってきた。

ミナを創業した頃は、全国のセレクトショップと呼ばれる編集型の店舗に卸すことが一般的な小売の方法だった。前にも述べたように、当時はなかなか日本のブランドは扱ってもらえず、海外ブランドを主に扱う店舗が多かった。そのようななかでも、少しずつ卸し先の店舗が増えていった。直接お届けできない地域のお客さまに、セレクトショップを通じて服を見てもらい、試着してもらい、販売してもらうことによって、ミナのものづくりを見て、触れてもらうことが可能になった。

しかし、インターネットが広く普及して、生活のさまざまな場面で利用されるようになり、服の販売でさえもオンラインがおおきな流れになってきた。しかも、その割合とスピードが加速してきた。

ネット販売には土地の境界がない。ネットがつながる限り、どのような遠隔地のお客さまでも気軽にものを買うことができるようになった。多くのセレクトショップにおいても、来店のお客さまだけでなく、自店のオンラインショップから全国のお客さまへと販路が拡大していったのは当然の成り行きだった。このままでは、ウェブサイトを上手く運営するいくつかの卸し先にお客さまが集中し、地域性やお客さまと同じ時、同じ場を共にし、会話を重ねながらミナのものづくりを伝える接客というものは徐々になくなっていきかねない、と考えるに至った。

D to C = Direct-to-Consumer（直接、お客さまへ）の販売が、ここまで主流になり、自分たちのつくったものが卸し先のウェブサイトで販売されるようになると、ミナのオンライン販売を充実させ、お客さまによろこんでもらえるよう取り組む必要があった。それはつくり手として、お客さまへの責任を果たすことにもつながる。直営店はその店ごとの個性を強めることを大切にし、オンラインショップはさまざまな要望がお客さまの側にもあると想像しながら運営すべきだ。そんな反省もあった。

ブランドが認知され、広がるにつれて、ミナの服が小売りの世界で評価され、より求められるようになってきたことを感じていた。それを急成長と言う人もいるだろう。ぼくは「せめて百年つづく」ことを目標にやってきた。まだ道のりは長いのだ。短期間の急速な拡大は同時にリスクを抱えることでもある。これで大丈夫だろうか、とつねに自分たちの姿を確認できるようにしておきたいし、流れに身をまかせることはしたくない。売り方を自分たちでできるだけ把握しておきたい。

いま、いちばん力を入れたいのはなにかといえば、やはり服づくりなのだ。

今後さらに、技術力の高い工場と協働で、さらにいい品質の、魅力ある服づくりをしたい。いたずらに販売数を増やすのではなく、ミナの服のクオリティをあげることにあらためて力を入れたい。よりよい服をつくり、お客さまにきちんとお伝えするための態勢やあり方をここで今一度見直したいと考えたのだ。

「せめて百年つづく」ブランドになるために、体力をつけ、筋力をあげ、全体をシェイプアップする時期にさしかかってきたのだと考えている。

会社の持続、発展のため

これまでミナのウェブサイトは販売目的ではなく、メッセージを伝え、情報を伝えるボードのような役割を担っていた。しかしブランドとしてお客さまとのダイレクトなやりとりも必要不可欠なものだと考えをあらためた。同時に、わざわざ足を運んでくださる価値のある直営店の役割もおおきくなる。店を訪ねてのショッピングの楽しさ、豊かさを経験していただくために、いままで以上に直営店を魅力的な場所にしていく必要がある。まだまだやることはたくさんある。

お客さまとのやりとりの変化にともなって、それぞれの社員の担当する仕事の内容も、刻々と変化する可能性がでてくる。働くことがルーティン化しはじめたとき、それはあらたな可能性を見過ごすことにもなりかねない。そこには変化への種、変化を育てる芽が眠っているかもしれない。「せめて百年つづく」ブランドには、守るべきことと、変化を受けいれることの両側から、持続する力が与えられる、と考えている。

ミナはいま、百十人の正社員がいる（二〇二〇年四月現在）。

いまのところぼくが全員の賃金を決めている。田中や総務の担当者に話を聞き、各セクションの人たちに詳しいヒアリングをして、そのうえで最終的な数字を決めている。

年二回の賞与の金額もぼくが決めている。毎年かならずというわけにはいかないのだが、賞与を渡すだけでなく、なるべくひとりひとりに手紙を書いて渡すことができるように、と考えている。査定や評価をめぐる内容ではない。基本的には感謝の手紙だ。もちろん、ひとりひとり内容は違う。Ａ５の紙一枚におさまるくらいの文章を、手書きでしたためる。この手紙があれば、年に二、三回しか会えない地方の直営店のスタッフであっても、見てくれていると感じるのではと、そんなことを考えながら書く。

朝礼は基本的にしない。ぼくが一方的にひとりでしゃべっていても時間がもったいないと思うようになった。もちろん、折々に必要があれば、月に一度くらいは話をしている。また年に一度、創業記念日に鳥居坂の国際文化会館に社員全員が集まるパーティがある。そこでは、これから自分がやろうと考えていることを、二、三分の短いスピーチにして伝えるようにしている。

自分から一方的に話すことを抑えるようになったかわりに、それぞれの担当部署が問題点を話しあうグループミーティングを重視するようになった。ぼくはその脇にいて、それぞれの話を聞いているだけだ。その場で、「違うんじゃない？」とか、「こうしたら」というような発言や提案はしない。ぼくがなにか言うと、それが結論と受け取られてしまうのはもちろん、遠慮したり萎縮したりしてしまうだろう。それではグループミーティングの意味がない。

グループミーティングでの話し合いを聞いていると、基本的には、会社に対しても、服づくりについても、直営店の運営についても、こうだったらもっとよくなるのでは、というポジティブな話が多い。ぼくは黙って聞いているほうがいいのだ。

直営店に足を運んで、閉店後に販売のスタッフたちとごはんを食べるときも、みんなの話をただ聞いている。ぼくは空気みたいにそこにいるだけだ。その場で聞いたいろいろな声は、ぼく自身のなかに入りこんできて、やがてミナの向かう方向、経営方針のようなものに姿を変えてゆく。

林業でいえば、枝打ちのようなものは必要だと思う。成長の妨げになる枝は落とさなければならない。ぼくらが一生懸命つくってきたもの、つくっているものの価値を落とすようなことがあれば、それははっきり否定して、落としてゆく。あとは、太陽と大地と雨が、木を育ててくれる。そのような自発的な経営。

もうひとつ、おおきな変化への道筋として、用意したものがある。

ブランドの長期的な持続のため、ミナとは別に、持株会社を設立したのだ。

なぜ持株会社が必要になったかといえば、ミナを「せめて百年つづく」ブランドにという意図と、その土台となる仕組みをさらに強固にするためだ。ぼくの所有していた会社の株を持株会社にいったん移し、ミナの今後を託せる人、責任をもって引っ張っていってくれるであろう人たちにバトンタッチするための仕組みだ。

ミナはぼくひとりの会社として始めたが、仲間が増え、「せめて百年つづく」ブランドの展望がより鮮明に、具体的になってきた。つまり、会社がいつまでもぼくひとりの持ちもの、ではいられなくなってきたのだ。百年つづくための次の扉をひらくその場所に、ぼくたちはいま立っている。

二〇一九年から開催された東京都現代美術館での「ミナ ペルホネン／皆川明　つづく」展は、これまでにぼくたちがつくってきたものをさまざまな角度から見渡し、ふりかえりながら、ここから先のミナのクリエーションがどこへつづいていくのかを考え、創造するタネを蒔く内容になったのではと思っている。来場してくださるお客さまのための展覧会であると同時に、ぼくたち自身の未来のための展覧会にもなったと思う。

創業からおよそ四半世紀、「せめて百年」の四分の一のところにさしかかるなかで、「ミナ」という木がさらに枝葉を広げ、小さくとも鮮やかな実を結ぶよう、手と時間をかけた仕事をつづけたい。百人を超えた仲間たちも、同じ気持ちでいることだろう。ぼくはいま、「ミナ」のあらたな創業に立ち会っているのだ。

第7章　ブランドを育てる

「ショーピース」はつくらない

ここで少し時計を巻き戻す。「ミナ」を創業してから八年後の二〇〇三年。ブランド名を「ミナ ペルホネン」に改めることになった。

いま思えば、ブランド名をあらたに考えることになったのが二〇〇三年だったのは、計ったようなタイミングだったと思う。

ぼくたちのブランドの特徴はなんだろうか。

服にグラフィックをのせていくことが、まずあげられるだろう。グラフィカルな模様を身にまとうものを自然界のなかで探せば、まずいちばんに蝶が思い浮かぶ。服を着る人の姿は、蝶の羽根をまとうようなイメージもある。

蝶は世界中に分布している。蝶の羽根の絵柄は驚くほど多彩で、それぞれにうつくしい。蝶の羽根をまとうような服をつくれたら、すばらしいと思う。

ブランドの成り立ちかた、生産者とのやりとりも、ぼくのなかでは蝶が飛ぶイメージと重なる。

蝶は花から花へ、ひらひらと軽やかに飛ぶ。ぼくたちも人と人をつなぐように服をつくり、人から人へと届けている。こまめには動くけれど、ツバメのような直線的スピードはない。

八千メートル以上のヒマラヤを超えてゆくインドガンのような逞しさも、ないかもしれない。でも、北米とメキシコの三千キロの距離を、はるばる渡ってゆくオオカバマダラのような蝶もいる。蝶は軽々として、ときには遠くまで飛ぶこともあるのだ。

蝶はフィンランド語でperhonen（ペルホネン）。

発音するときの丸い感じ。耳に届いても、音が心地いい。

こうして二〇〇三年から、「minä perhonen（ミナ ペルホネン）」をブランド名とした。

翌年、はじめてパリで、「ミナ ペルホネン」の展示会をひらいた。

パリコレクション、と聞いて普通にイメージするのは、この日のために特別に誂えられた「ショーピース」と呼ばれる服をモデルがまとい、ランウェイ（花道のような縦長の舞台。キャットウォークともいう）を行き来する姿だろう。ファッション関係者は別にして、一般的な読者には知られていないこともあるのではと思うので、簡単に説明をすると、まず、モデルが着ている「ショーピース」。ときには一般的な服の概念からおおきく飛躍していたり、現実の生活ではまとえないような特異なデザインであったりする服を、なぜモデルに着せているのか、と疑問をもつ人もいるだろう。ぼくもJUNKO KOSHINOのパリコレクションの手伝いをしたときには、モデルの着ている服がそのシーズンに店にも並んで、買う人もいるのだろうと思っていた。

「ショーピース」とは、つまり「ショーのための作品」なのだ。かたち、柄、色、素材を駆使して、そのシーズンのあたらしいアイディアや、全体で表現するテーマのようなものを、アート作品のような領域までつくりこむ。その年のブランドの方向性のようなものを、思い切って強調したもの、と考えてもいいかもしれない。その強調のしかたはデザイナーによって幅があるので、すべての「ショーピース」が「実際には着こなせないもの」とは限らないが、いずれにしても、デザイナーのクリエーション能力を最大限に表現するのが「ショーピース」なのだ。

十九世紀後半から二十世紀初頭にかけて、特別なファッションを身にまとう人は、特別に裕福な人に限られていた。もともとのファッションショーは、裕福な人のためにひらかれるオートクチュール・コレクションとして始まった。一点一点、服を注文して、自分にふさわしい服を仕立ててもらうのがオートクチュール（高級仕立服）。シャネルやディオールなどパリ・クチュール組合に加盟している限られた高級仕立服ブランドがひらく展示会だった。

しかし一九七〇年代に入ってプレタポルテ（高級既製服）が席巻するようになり、海外のデザイナーも参加できるパリ・プレタポルテ・コレクションが注目を浴びるようになった。その規模も年々拡大していった。いまや「パリコレ」といえば、オートクチュール・コレクションだけではなく、プレタポルテ・コレクションも含んでのこととなった。

あらゆる人が着ることのできる服は、特定の顧客を想定する必要がない。高級プレタポルテのＰＲは、よりインパクトのある、より自由な表現方法で行われるようになっていった。モデルがまとってランウェイを行き来する特別な服、「ショーピース」によって、デザイナーのクリエーションの高さを表現するようになった。「ショーピース」は着ることはできるが、それだけを目的としない、デザイナーの表現力や創造性を知ることのできるシンボルのようなものへと大胆に進化していった。

パリコレクションのひらかれる期間は、パリの街全体でさまざまなコレクションが展開している。個展もあればグループ展もある。ギャラリーなどのスペースを確保できれば、誰でも出品はできるが、正式なショーに参加するには審査を通らなければならない。

ミナ ペルホネンも審査を経て、パリコレクションに参加した。

ぼくらは「ショーピース」をつくるつもりはなかった。自分たちのクリエーションのすべては服のなかにある。かたちやディテールを、ショーのためだけのものにしてしまうと、自分たちのクリエーションがかえって伝わりにくいのではないか。つくった服はそのまま世の中に出せるものだから、ショーのために手を加えることはしないで使いたいと思った。そのほうが自分たちの伝えたいことが伝わるはずだ。店にも並ぶ服、お客さまに着てもらう服をそのまま見てもらえばいい。そう考えたのだ。

最初の年は、元はエッフェル塔の変電所だった空間で行われることになった。参加まもない新人デザイナーの枠だったので、与えられる時間帯は午前中になる。有名なデザイナーや大御所が登場するのは夜の部が多かった。

はじめてのショーの演出には、知り合いのコンテンポラリー・ダンサーに協力してもらうことになった。彼女が所属するドイツの「フランクフルト・バレエ団」(のちの「ザ・フォーサイス・カンパニー」)からダンサーを四人呼び、ミナの服を着てもらい、即興でダンスのパフォーマンスをしてもらうアイディア。最後に四人のダンサーが「ファッションウィークを楽しんでね」と観客に声をかけて終わる演出だった。

協力してくれたのは高校時代の友人、安藤洋子さんだった。そのときにはすでにコンテンポラリー・ダンサーとして世界でも注目を浴びて、小澤征爾さんや坂本龍一さんのオペラにも出演する実力の持ち主だった。高校時代はバドミントン部。陸上部のぼくとは運動部同士の知り合いで、その頃から友だちだった。ダンサーになったことはまったく知らなかった。文化服装学院に在学しながら活動していたダンサー、山崎広太さんの公演に行くと、彼女が相方として踊っていたのだ。それ以来、連絡を取り合うようになった。彼女の所属するフランクフルト・バレエ団は、八〇年代にISSEY MIYAKEのショーにも登場したことがあった。雑誌にその記事が掲載されているのを見ていて感動したのを覚えている。すばらしいショーだったにちがいない。

ミナ ペルホネンのショーにも、百名以上の観客が来てくれた。コンテンポラリー・ダンスを取り入れたぼくらのショーがどのように受け入れられたのか、正直なところよくわからなかった。いわゆる「ショーピース」ではない服への評価も含めて。聞いたことのない若手デザイナーのブランドの、一風変わったショー、という受け取られかただったのかもしれない。それでも、つくりたいようにつくればいい、それについて躊躇する必要はないという手応えは、自分たちなりに感じることができた。

四回目のパリコレクションでは、建築家の田根剛さんに会場構成を依頼した。建築家として一般的にはまだ名前を知られていなかった頃、彼と出会う機会があり、それからしばらくのあいだ、ゆるやかな交友の時間が経過していた。

彼はプロのサッカー選手を目指していた。高校時代にはジェフユナイテッド市原のユースチームにも所属していたが、怪我をしてプロの道を断念することになった。北海道で建築を学びながら在学中にスウェーデンへ留学、卒業後はデンマークに渡って建築の仕事を始めた。二〇〇六年にエストニア国立博物館の国際コンペを勝ち獲り、完成後には彼の初期の代表作となって世界的にも広く知られてゆく存在になるのだが、ぼくが知り合ったのは、まだ有名になるはるか以前のことだった。代官山のヒルサイドテラスで若手建築家のグループ展があり、そこで本人を紹介されたのが最初だった。

ぼくがパリコレクションに参加するようになってまもなく、彼もパリに事務所をもつようになった。直感がはたらき、彼の事務所に連絡をして、会場構成をお願いした。快諾してくれた。

会場は、デンマークの生地メーカーKvadrat（クヴァドラ）のパリ・ショールームを借りた。エッフェル塔のエッフェルが設計した鉄骨構造の建物。クヴァドラとはミナ ペルホネンとの協働も始まっていたところだったので、会場を快く貸してくれた。やはりランウェイのような縦長スペースではなく、全体が四角になる空間構成。床の全体にくまなく綿を敷き詰め、そこから針金を軸に使った花のようなものが一面に生えている空間。ぼくも田根さんも、床に這いつくばりながら綿を敷き、花をつくっていった。作業は徹夜となり、明け方に完成した。

その花畑のような空間で、モデルがそのなかをただ歩き回る演出にしたのだ。ＢＧＭにはチンドン屋の音楽や、岸和田だんじり祭の囃子を選んで流した。どちらの音楽も、日本人にはどこか懐かしく、会場に来る日本人以外の人たちには耳にしたことがないリズムと音楽だったろう。記憶にあるかないかで音の意味はおおきく変わる。

音楽をどうするかを考えるのは、演出の最後のたのしみでもある。翌シーズンには音楽を流すのではなく、ライブで口笛を吹いてもらうアイディアが浮かんだ。会場は前回と同じ場所だった。会場構成は自分自身で担当した。床に色のビニールテープを貼っていき、模様を描いていく。テープ貼りも自分でやった。口笛が上手いと聞いた人に頼みこみ、ビートルズの「アクロス・ザ・ユニバース」などを選曲してあったのだが、当日になって急に「上手く吹けない気がする。できない」と辞退されてしまった。なので急遽ぼくが代わりに口笛を吹くことになった。でも、ぶっつけ本番ではとてもうまく吹ける自信がない。会場のトイレに録音機材を持ち込んでスタジオがわりにし、口笛を吹き、録音したものを会場で流すことにした。

どたばたでなんとか間に合わせるショーの作業は、苦には思わなかった。土壇場になって追い詰められ、頭をひねってアイディアを出し、最善を尽くして乗り切るのは全身をフルに使う感覚があり、待ったなしの時のなかで集中するよろこびがある。いまはもうパリコレクションに参加することはやめてしまったが、これもまた、経験しなければわからない感覚だった。

参加することをやめたのは、端的に言えば経営判断だった。

パリコレクションに参加するための費用と労力はかなりのおおきさになる。実際に服をつくる費用と労力を較べたとき、ぼくらの限りある資源の使い方として、やはり通常の服づくりにウェイトをかけるべきだろうと考え直したのだ。

ぼくたちのような小さなブランドでも、パリコレクションへの参加は、ワンシーズンだけでも総額で一千万円以上の費用がかかった。大御所のブランドだと一回のショーのために数億円かけるところもある。ショーに出品するために、まずは発表の数の何倍にもおよぶピースの服をつくり、モデルにあわせてスタイリングしながら数十体に絞り込んでいく。ほとんどのピースは使われないまま終わる。トップモデルにも高額の対価を払うから、十人登場すればそれだけでも相当なものだ。

ミナではメートルで一万円するファブリックを使うことがある。つまり、ぼくらのショーの規模でも千メートルくらいの布が使えることになる。年に二回、その費用の総額で直営店を毎年一軒つくることさえできるだろう。

そのようについ計算してしまうのは、自分がデザイナーであると同時に経営者でもあるからだ。ミナを始めた頃、出資者が別にいて、役割がデザインに絞られていたなら、パリコレクションには出たい、お金はかけたい、と願ったかもしれない。若手デザイナーがファッションのおおきな賞を受けたり、人気ブランドの若手デザイナーが独立したりすると、初期の段階でショーの開催を目指し、早い成長を望むことが多い。そして次第にものづくり以外の経費を増やし、それを維持するためのものづくりが始まり、やがてファンが離れていき、その悪循環の果てに立ち行かなくなってしまう場合も決してめずらしくはない。

ミナ ペルホネンはつくるべきと思えるのであれば、コストのかかるファブリックをつくり、服も時間をかけてつくっている。トレンドとは無縁だ。ぼくたちは「せめて百年つづく」ブランドをつくりたい。やれるだけの手間は惜しまない。これはこれで大変なことだが、幸せなことだと思っている。

「難しい」京都に直営店

二〇〇七年に二軒目の直営店を京都につくった。

関西では京都、大阪、神戸の三つの都市が商圏だと考えたとき、そのなかから京都を選んだのには理由がある。

最初に直営店を始めた白金台をひとことでいえば、ざわざわしたにぎやかな場所ではない、ということになる。エリアにもよるが、京都にも白金台のように落ち着いた場所がいくつもある。しかも京都の街はスケールも大きすぎず、歩くのがたのしい街だ。古い歴史や文化があり、同時にインターナショナルでもある。白金台がそうであるように、店の周囲にいろいろ見て歩く場所がある。買い物だけが目的ではなく、ショッピングに散歩、観光の組み合わせで、たのしむことができる街だと思う。

白金台に直営店を出したときと同じように、いい物件があれば連絡をもらう手配をした。連絡があるたびに京都に行き、自分の足で歩いて店の候補となる物件や周囲の環境を見た。京都を訪れるたびに「ここがもし空いていたらな」と思う物件があった。何十年と同じ借り主が入っていると聞き、あきらめていた。ところがそのビルで長く活動している「ギャラリーギャラリー」さんから「あのビルの一階、空きますよ」と連絡をいただいた。思わず声をあげそうになった。ゆっくりしたペースとはいえ、京都の物件を探しはじめて二年が経とうとしていた。急がず時間をかけていたおかげで、いちばん気に入っていた場所が空いたのだ。

京都市下京区河原町通り四条下ル市之町。鴨川の右岸。昭和初期に建てられたビルだった。地下鉄の京都河原町からは徒歩五分。便利な場所なのにざわざわしていない。一階を使っていた方は三世代、七十年にわたってここを借りていた。このタイミングで借りられることになったのはほんとうに幸運なことだった。

内装やインテリアは西堀晋さんに相談した。もともとはパナソニックのプロダクトデザイナーで、オーディオのスピーカーなどをデザインしていたのだが、独立してからフリーのデザイナーとなり、また五条にある古いビルを改装してその上階に住みながら一、二階をカフェ

efishとして開業、人気を集めた（残念ながら二〇一九年十月に閉店）。西堀晋さんを知ったのは、彼のアシスタントがミナの田中景子の大学の同級生だったからだ。これもまた不思議な縁だった。

河原町のビルに入ることが決まった頃、彼はコンピュータのアップルにデザイナーとしてスカウトされ、アメリカに渡ることになっていた。アップルに入社後は約十年間デザイナーとして活躍し、退社後の現在はハワイで暮らしている。

西堀晋さんがアメリカに渡ることになったので、内装のプランは田中景子の同級生であるアシスタントの青木さんと相談を重ね、ディテールを詰めていった。床には大谷石をモザイクのように敷く、ハンガーラックは鋳鉄でつくる、入り口の木の扉はぼくがデザインし、実寸で図面を描いた窓枠を特注する……など自分のイメージを伝えながら、つくりこんでもらった。天井高が五メートルもある。完成した内装は、白金台の直営店とは異なる、昭和初期のモダンな建物と調和した空間になったと思う。スタッフは現地採用にした。関西のお客さまには関西のスタッフが接客するほうが自然だろうと考えたからだ。

京都に店を出すことにした、と知り合いに話すと、判で押したように「京都は厳しいよ」と言われた。店を出した後も、「難しいでしょう、京都で商売は」と探るような感じで聞かれる。京都では、あたらしいもの、あたらしい店が認められるのに時間がかかると、みな口を揃えて言うのだ。アパレルのブランドとしては、京都での出店を考えるとするなら、店子のひとつとしてデパートに入るのがいちばん、と考えるものだと。どうやらそれがスタンダードとされる道筋らしい。

時間をかけて直営店となる場所を探し当て、他にはない店をつくろうとしていたのだから、常識外のようにとらえられても不安を覚えることはなかった。

京都店のオープン当日がやってきた。

蓋をあけてみれば、オープン前から多くの方が行列してくださった。出足は白金台店のオープン以上のものがあった。お客さまはその後も、白金台と同じくらいいらしてくださった。

同じビルのなかにある別のフロアも、だんだんとミナのスペースとしてお借りするようになった。ギャラリーを併設したショップ、オリジナルのテキスタイルのはぎれからつくった小物などのプロダクトを中心としたショップやキッズラインのスペース、ファブリックを販売するショップへと改装して、このビルを訪ねてくださるお客さまにミナの多様性やさまざまな考え方を見ていただけるようにした。海外からのお客さまをふくめ、遠くからいらっしゃる方も少なくない。京都観光の途中で立ち寄られる方もいる。京都店は京都ならではの光景を見せてくれると同時に、ミナのあたらしい展開や考え方の、ショーケースにもなったのではと思っている。

驚かれた松本店、古民家の金沢店

次に出店したのは、長野県の松本だった。出店が決まると、京都店のときよりもさらに驚かれた。スタッフの現地採用の面接では、「どうして松本に出されるんですか？」と逆に質問ばかりされることになった。

木工作家の三谷龍二さんと知り合って、松本を訪ねる機会が増えていくうちに、松本の街が好きになっていった。直営店を出そうと思ったのは、松本という街への愛着があってのことだった。三谷さんのギャラリー兼店舗「10 cm」がある同じ通りに、昔からあった薬局が賃貸に出されることになったと聞いて、そのあとを借りることにした。

薬瓶をおくために設えられた棚や、調剤をおこなう台など、薬局の面影はなるべく活かすようにした。通りに面したファサードには、微妙な階調のある緑の四角いタイルを、陶作家の安藤雅信さんとやりとりしながらオリジナルに焼いてもらったものを、貼りこんだ。松本の街並みにはこの色あいがふさわしいと感じたのだが、あとから商店街に加わった店として目立ちすぎず、同時に静かな主張もあるたたずまいになった。十年も二十年も前からそこにあった店のように馴染んでいるのではと思う。自分の街にミナ ペルホネンがある、と地元の人たちが意識してくれ、よろこんでももらえる関係を築いていけたらと願っている。

東京や京都に比べれば、お客さまは少ない。しかし松本にミナ ペルホネンの店があることが、ミナのブランドとしてのあり方を、言葉ではないメッセージに変えて伝えてくれる。おおきな商圏に直営店を出店するのではなく、歴史と文化の蓄積が感じられる街にミナが参加し、その街の一員となってゆくスタイル。松本出身ではない三谷龍二さんが、松本に定住するようになったのも、松本の土地のたたずまいがあってのことだろう。ミナの服づくりも、工芸のように手から生まれるものを大事にしている。

松本はまた、外に向かってひらかれた街でもある。毎年夏、「セイジ・オザワ 松本フェスティバル」が開かれ、世界各地から人が集まってくるインターナショナルな街だ。長い時間をかけて芸術を育て守っていこうとする、街の持続的な力も見逃せない。松本店がある通りには、最近あらたな店も増えてきた。古い街のゆっくりとした新陳代謝を見ていると、街は生きものだなとつくづく感じる。ミナも松本の街をかたちづくる小さな枝や葉のひとつとなって、光合成をし、風に吹かれているようだ。

金沢でも、二年ほどの時間をかけて物件を探した。その後の数十年を考えれば、二年という期間は決して長くはない。そもそもぼくたちには「出店計画」という方針も考え方もないのだ。文化や土地柄が好きな場所に良い建物が見つかったときに、出店を決めるだけだ。急ぐ理由はなにもない。

京都、松本につづいて金沢に直営店を、というプランは、「なるほど」と頷いてもらえるようになってきた。戦争中に空襲を受けることがなかったので、古く美しい街並みがそのまま残っている。工芸や食文化への関心も高い。二年の時間が流れて、望みうる最高の家と出会うことになった。

金沢21世紀美術館から歩いて約十五分。石引という街に、材木商が大正時代に建てた蔵付き古民家がある、と連絡をいただいた。石引の地名は、金沢城の築城に使われる石を引いて運んだ道に由来するらしい。材木商の家から車道に出て右折し直進すれば、まず兼六園が、その先に金沢城公園がある。公園の左隣が金沢21世紀美術館だ。

材木商の邸宅だけあって、八十年以上の時が流れても、堂々たる状態が保たれ、美しさが損なわれていない。腕の立つ棟梁、職人の手がそこここに感じられる。床、天井、柱、襖、障子、扉、すべてのおさまりにひずみがない。時間を経過した木材のしんとした静まりかた。古い窓ガラスの美しさ。蔵のどっしりとした空間には風雪をものともせず、そのままの姿を維持してきた底力のようなものを感じる。それでいて全体の印象が重苦しくない。軽やかさすら感じるのだ。

金沢の直営店はこうして、大正時代から流れている時間もふくめて出会うことができた。

「せめて百年つづく」ことを目標とするミナ ペルホネンにとって、時間はつねに重要なテーマだ。なるべく長く、じっくり腰を落ち着けてやっていくことのできる店。

直営店に選んだ場所である白金台、京都、松本、金沢には、土地柄と時間の流れ方に共通する匂いがある。だからといって、店の選び方はビジネスモデルとして定式化できるようなものではない。あくまで、皮膚感覚に近い。

時間のかけかた、その結果についての考えかたは、もっている。

売れない状況が生じたとしたら、何が足りなくてどうすればよろこびが生まれるだろうと考える。ぼくはそのほうが本質的なビジネスだと思っている。

ブランドにとって直営店は、ものも接客もすべてがそこから始まり、そこへと返っていく場所だ。ブランドを知りたい、経験してみたい、というお客さまには、まずはお店にお越しください、とお願いするだろう。お客さまとの長い付き合いは、ここから始まる。ぼくたちの仕事の発想も、つねに店があってこそ生まれてくる。

お客さまの声が励みになり、仕事へのヒントにもなるのも直営店があるおかげだ。——金沢店をやっと探し当てて入ってみたら、その古民家じたいが素晴らしかった、縁側でお茶を飲めてうれしい、床がフラットな革張りになっていて、独特な質感が足の裏から伝わってくる、今度は京都店にも行ってみたい――というように、よい経験は、未来の経験への期待へとつながってゆくだろう。

各地に直営店をおくようになってから、ウェブサイトのオンラインストアでのお客さまも着実に増えていった。直営店の空間で肌身に感じた経験、服を手に入れて着こなした経験が、次にはネットでも安心して手に入れる気持ちへとつながっているのではないかと思う。オンラインストアでのお客さまのためにも、直営店の空間での実体験を豊かにし深めていくのが大事なのだ。直営店もオンラインストアもお客さまへの気持ちは変わらない。お客さまとの顔と顔とをつきあわせてのコミュニケーションは、手間を惜しまずにとるべきだと思う。

個々のお客さまを相手にする仕事には、苦情、クレームがつきものだ。

こちらに明らかな不備や過失があった場合、お客さまへの対応はできる限り丁寧に、わかりやすく進めるように努めている。お客さまとの対話のなかで反省と改善を整理して、これからへの期待をもっていただけるか。オンラインでの購入が増えたとしても、お客さまの表情を見失いたくないし、声もしっかり聞き届けたい。そういう意味でも、直営店という場は、ミナ ペルホネンがいつもそこにある、ホームのような居心地、家の感覚に近いものにしたい、と考えている。

日常生活への広がり

ブランドが成長してくると、セカンドラインとしてのブランドをもうひとつ立ち上げる、というやり方がある。価格を少し低く設定して、より多くのお客さまが手を伸ばしやすい姉妹ブランドを用意すれば、裾野が広がり、トータルでさらなる成長が期待できる——アパレルの世界でしばしば採用される方程式だ。

しかし、裾野を広げるつもりで始めるうちに、低価格帯のそちらがメインになってゆくことは目に見えている。刺繍のようなディテールにしっかりコストをかけてブランドを守り、育ててきたのに、それではミナ ペルホネンの世界観が弱められ、デザインの焦点がボケかねない。

そのような広げかたではなく、日常生活を特別なものにする服をブランドの軸に据えながら、日常生活のディテールについて、さらなる提案をするのはどうだろうと考えた。日常はルーティンで退屈、お洒落をするのは非日常、という考え方ではなく、日常こそ高揚すべき時間とぼくは考えている。その時間についてミナ ペルホネンで提案できることを考えた。普段使いの日用品をつくって届けて裾野を広げるのであれば、ブランドの本体である服にもよい影響を与えることになる。

ブランドをスタートしてまもない一九九九年、ミナのファブリックを使ったジラフチェアを初めてのインテリアとしてデザインした。同じころ、依頼を受けて行った陶器のデザインも、二〇〇八年からは販売するためのプロダクトデザインとしてつくりはじめるようになった。ファブリックの余り布をブローチやクッション、バッグなどの小物類に変えてゆく商品づくりにも一層力を入れるようにした。ファブリックそのものも、カーテンやベッドカバー、ソファのカバーなど、お客さまの望む用途にしたがって幅広く使っていただけるよう、計り売りも始めた。

二〇一六年には、自分たちのブランド以外の商品として、ヴィンテージやクラフトを北欧中心にさまざまな国で探し集め、カフェレストランつきのセレクトショップ「call（コール）」をオープンしたのも、その延長線上にある、あらたな試みだった。

ミナ ペルホネンの展覧会を開いてきた東京・表参道のスパイラルから声をかけられたことからそれは始まった。開業以来つづいていた五階のテラス付きレストランがクローズするので、ミナ ペルホネンの直営店にしたらどうですかという提案をいただいたのだ。

長年、たびたび足を運んでいたのに、五階に外気に触れられるテラスがあることすら知らなかった。設計した建築家・槇文彦さんが、とりわけこだわってつくったのが五階のテラスだと知った。表参道のエリアで、しかもモダンなビルのなかで日差しや風を感じながら食事ができる。このような場所を、たんなる直営店にするのでは、テラスのある空間を活かしきれないのではないか。そこからイメージを広げるうちに、たんなる服の直営店ではなく、カフェレストランもあるマーケットのようなセレクトショップにしたらどうか、と発想を転換した。

もともと白金台店も、アンティークの家具やガラス製品、売り物かどうか一瞬迷うような小物も店内に飾ってある。座ることのできるソファもあり、ぱらぱらとめくってみたくなる本も置いてある。ミナ ペルホネンのある暮らしの一場面を想像できるような居心地をつくりたいと考えて、自分がいいと思ったものだけを集めていたのだ。

それをさらに本格的なものにして、すべてのものを買えるようにしたらどうか。自分のディレクションで集めた品物の、マーケットのような店をつくる。ものばかりでなく、産地直送のオーガニック野菜や自分が愛用する食材なども揃えて販売しながら、軽食がとれるカフェレストランをつくったらどうだろう。そのような店ならば、槇文彦さんのこだわったテラスも活きてくる。

世界各地を旅する機会が多いぼくは、その土地の骨董店や古書店、ファーマーズマーケットに必ず立ち寄る。そこで気に入ったものを買ってもち帰り、自分の暮らしのなかで使っている。そこには服をつくるのにも似たよろこびがある。旅した小さな村の景色や、そこで偶然手に入れたものが、服やテキスタイルのデザインのヒントになる場合もある。旅とそこで出会うものは、ぼくのクリエーションの源泉になっている。

古いもの、長く使いこまれたもの、長年にわたって定番となっているものに、なぜ惹かれるのだろう。

そこには歴史や人の物語が織り込まれているからだ。職人の代々受け継がれてきた技法が、そのモノの美しさを際立たせてもいる。時間の経過したモノは、たんなるモノではない。マスプロダクトにはない、つくり手の気配や手触りのあるモノの魅力を、ぼくたちの店で見て、触って、手に入れることができれば、どんなにいいだろう。

こうして、あたらしい店「call」が誕生した。

友人知人のクリエイターが「call」の店づくりに参加してくれた。内装を担当してくれた「ランドスケーププロダクツ」の中原慎一郎さんをはじめ、三谷龍二さん、辻和美さん、安藤雅信さん、といった人たちの力をお借りすることになった。食材については、岩手で無農薬農業を営んでいるぼくの姉のところからも直送してもらうことにした。自分が全国各地から取り寄せておいしいと思ったものだけを、ファーマーズマーケットのようにして並べた。

「call」でもうひとつの試みとして提案したかったのは、はたらくスタッフの募集についてだった。「call」のスタッフは、年齢の上限をつけないでみようと考えたのだ。

年を重ねた人は、なによりもまず経験豊かだということ。骨董にしても食材にしても、ぼくたちの知らない知識をもっている人もいるかもしれない。接客を考えても、年の功と言いたくなるような味わい深い対応も期待できるかもしれない。そしてなにもフルタイムである必要もないのだ。シフトを工夫すれば、週に数日、午前中だけの勤務であってもいい。若いスタッフとの交流もあれば、おたがいによい刺戟を与えあうことになるだろう。

はたらくということは、本来クリエイティブなことだと思う。お客さまにとっても、そのようなスタッフがいてくれたら、ショッピングの経験の質も変わってくる。その気持ちや時間は、スタッフにとってもお客さまにとっても、かけがえのない経験になるはずだ。

実際に年齢制限をつけずに「call」のスタッフを募集してみたところ、七十代以上の方も数名、いらしてくださった。オープンと同時に勤務が始まり、期待以上にさまざまな役割を果たしてくださっている。採用の試みは成功だった。

海外のスタッフと出会う

「call」での経験を土台にして、二〇一九年にはふたつの店を同時に開いた。「elävä I」と

「elävä II」。

「elävä（エラヴァ）」とは、フィンランド語で「暮らし」を意味する。

場所は東京の馬喰町（東神田）、日本橋小伝馬町と日本橋横山町が隣りあわせるあたりにある。古い低層のビルが並ぶ旧問屋街の一角だ。ふたつの店の距離は、歩いて一、二分。いずれも古いビルのなかにある。このエリアには同じように古いビルや倉庫を改装したおいしいカフェやレストランがあり、ニューヨークでいえば、ひと昔前のソーホー地区のような雰囲気も漂う。散歩にもたのしいエリアだ。

「elävä I」には、普段使いも楽しめるようなクラフトの器や道具を揃えた。オーガニックの野菜や果物、味噌やスパイスなどの調味料、焼菓子なども用意した。二階はギャラリーにもなっていて、日常を彩るアートピースを展示したり、季節にあわせた花を生けるレッスンなども行ったりしている。

「elävä II」には北欧を中心にしたヴィンテージ家具を揃えた。北欧の中古家具店では一般的に、店がリペア済みのものを販売するのだが、リペアの方法や生地張りの選択など、お客さまと相談しながら決められるスタイルにした。ミナ ペルホネンがファブリックをつくるブランドであることで、そのファブリックもリペアの選択肢に入れてもらえるはずだと考えた。ヴィンテージのテーブルウェアやオブジェ、アートピースも用意した。また、ミナ ペルホネンの過去から現在までのテキスタイルのアーカイブを見てもらえるようにし、ミナ ペルホネンに流れる時間を肌で感じていただけるようにした。いずれの店も、「call」での経験を活かすことができる、あらたな展開だった。

ここでもおもしろい出会いがあったことを書いておきたい。

ぼくがフィンランドを旅して、ヴィンテージショップで買いつけをしているとき、たまたま出会ったデイヴィッドという男が、「elävä II」のキーパーソンになったのだ。

ヴィンテージショップで手に入れたものは、同行していたスタッフが梱包や日本に送る手続きをすることが多かった。そのときは一人で滞在時間が短く、自分でやっている余裕がなかった。買い物をしている間、店主の友人らしい雰囲気の男がそこにいるのに気がついた。何者であるかもわからないまま、ちょっと声をかけてみたら、彼、デイヴィッドはぼくの発送を手伝ってくれることになった。まず驚いたのは、彼の梱包が丁寧で的確で綺麗だったこと。郵便局までいっしょに荷物を運んでくれ、手続きもてきぱきとこなしてくれた。その一部始終にすっかり感心してしまい、「明日と明後日も、もし時間があるのなら手伝ってもらいたいのだけど」と頼むと、「いいよ」と気軽な返事。

ぼくのヴィンテージものへの関心と傾向をすぐさま理解してくれた。買い手としての勘までもっていそうだった。翌日の買いつけのアシスタントぶりは、突然空から舞い降りてきた奇跡のパートナーのようだった。今回のやりとりだけでデイヴィッドとつながりが終わってしまうのは惜しいと感じた。日本で新規に開店する「eläva」の話をデイヴィッドに説明し、買いつけの手伝いをしてくれないか、と頼んだ。「偶然の出会いだったけれど、きみとはとてもいいやりとりができた。こういうのはどうだろう？　ぼくはこれから半年間、きみを信頼する。きみもぼくを半年間、信頼してほしい。この半年間、給料を払う約束をするので、買いつけの仕事を手伝ってくれないだろうか？」

デイヴィッドはジムのパーソナル・トレーナーが本業だったのだが、ぼくの申し出を受けてくれた。パーソナル・トレーナーを辞め、この仕事に集中してくれることになった。たった三日間のつきあいのなかで、彼もなにかの感触をつかんだのだ。お互いになんの保証もない、信頼から生まれた約束だった。帰国後、さっそくデイヴィッドとのやりとりが始まった。

彼の能力は卓越したものだった。日本から「こういうものがないだろうか」とリクエストを出すと、短時間でいいものを探してくれる。フィンランドのデザイン美術館で見たこのアーティストの展示を日本でもやりたいのだけれど可能だろうか、と連絡すると、デイヴィッドは次の日にはアーティストとコンタクトをとり、会いに行って、オーケーの返事をもらってきてくれた。届けられてくるリポートはいつも的確だった。

こんな偶然の出会いがあるとは、と驚くほかない。一般的な会社だったら、このような採用はしないかもしれない。しかし、偶然の機会に恵まれたとき、自分の直感に頼って決断することができなかったら、せっかくのチャンスは逃げて行くだけだ。

考えてみれば、自分がJUNKO KOSHINOのパリコレクションの手伝いをしたのも、オーダーの毛皮の店で働くことになったのも、偶然、声をかけられて始めたことだ。あれから長い時間が経過して、今度はぼくが声をかける番になった、ということなのかもしれない。

デイヴィッドが適任だったのは、彼がヴィンテージの専門家ではなかったこともおおきい。デイヴィッドにとって毎回のやりとりが新鮮な初めての経験なのだ。それを支えているのは、ヴィンテージの専門知識ではなく、ぼくとデイヴィッドの信頼関係だった。スカイプやラインといった通信手段があるおかげで、その場での相談は、彼の表情を見て、声の調子も聞いて、判断することができた。インターネットの力にもおおいに助けられた。

いちばん驚いたのは、デイヴィッドから「アルヴァ・アアルトがデザインした小学校の椅子が二百脚放出されるみたいだけど、どうする?」と連絡が入ったときだ。それもフィンランドの田舎で彼が独力で見つけてきたのだ。彼からはときどき、「スウェーデンのファニチャーフェアに行ってくる。車を借りていいか」というような連絡が入ってきて、自分で運転し、ぼくが期待するような掘り出し物を探しに出かけていくこともある。フットワークも軽いのだ。

フィンランドでヴィンテージものの倉庫も借りることになった。その管理も彼が担当している。パーソナル・トレーナーだった人間のあたらしい仕事としては、ドラスティックな変化かもしれない。しかし、相手のからだに何が足りないか、どのような運動、ストレッチをやってもらうことで、相手のからだがどのように変化し、よくなっていくか、そういった一対一のコミュニケーションをつづけてきたことは、彼のあたらしい仕事にも応用できる部分があったはずだ。

自分が得意とするジャンル、仕事で得たものは、まったくフィールドの異なる場所でも力を発揮することがある、ということだと思う。仕事で得た能力の応用範囲は、自分で狭めることはない。たったいま就いている仕事を、まっとうに、丁寧にこなして、自分の経験、実力にすること。ここで手を抜かなければ、次の仕事にもおおきなプラスになる。デイヴィッドを見ていると、そう思う。ぼくも自分が独立するまでの仕事で、手を抜いたことはなかった。マグロをさばく仕事も一心にやった。毛皮の仮縫いもひと針ひと針をおろそかにしなかった。手先が不器用だったから余計に、丁寧にやった。いつかうまくなるだろうと信じてつづけた。デイヴィッドはぼくよりもはるかに器用だが、ひたむきさ、真面目な働きぶりは、どこか懐かしく、近しいものを感じる。デイヴィッドはどんな思いで働いてくれているのだろう。

第8章

よい記憶をつくる仕事

仕事のよろこび

九〇年代前半のバブル景気の終わりとともに、働くことへのネガティブな言葉が浮かびあがるようになった。

長時間労働で、給料は安く、休暇がとりにくい、といった労働条件は「ブラック」と呼ばれ、そのような労働条件のもとで働かせている企業は「ブラック企業」と呼ばれるようになった。

ぼくが二十歳前後で働きはじめたとき、そのような言い方はまだなかった。

「3K」という言い方はときどき耳にしていた。肉体労働が主体になる職場を「きつい」「汚い」「危険」だとして、「3K」と呼んでいたのを覚えている。その意味では「きつい」「危険」な職場は、ぼくも経験していたことになるかもしれない。少しもそうは思わなかったけれど。

「ブラック」なのかどうかを労働条件で判断されるとするならば、ぼくはさまざまな場面で、ブラックな働きかたをしてきたことにもなる。長時間労働でめったに休暇がとれない場合もあった。

職種や労働条件が、誰に対しても同じ価値、同じ影響を与えるものだとは、ぼくは思っていない。職種や労働条件に対して、働く人の内面がどう反応するか。それ次第でおおきく変わってくるからだ。ひらたく言えば、「働く」のではなく、「働かされている」という気持ちに襲われてしまったとたん、人間は誰でも、職種や労働条件にかかわらず苦しくなる。それはまちがいないことだと思う。

給料はもちろん、職場環境や同僚とのやりとり、仕事内容に対しても、なぜこんなことを自分はやっているのかと疑いはじめたとき、土台がゆらぎはじめる。オセロゲームでいえば、白のコマである自分が、黒のコマに四方八方をとり囲まれている状態。

働くことは本来、クリエイティブなことだと思う。服の裾あげも、生地の裁断も、仮縫いも、マグロをさばくのも、自分でつくった服をクルマにのせて営業にでかけるのも。一着も売れずに、そのまま帰ってくることさえも。

失敗すること、うまくいかないこと、評価されないこと。クリエイティブの種になるものは、そこでこそ、大事な芽がでてくる可能性がある。自分の場合はそうだった。

人間はふしぎな生きものだと思う。野生動物が、食べて、成長して、子孫を残すサイクルのなかで生きているとするなら、そのサイクルにおさまらないところへと踏みだして、そのサイクルにおさまらないものに夢中になり、なにかを表現したり、それまでになかった技術や方法を発見してしまう――そういう生きものなのだ。

狩猟に道具を使うようになり、穀物を栽培するようになり、火をおこして料理をするようになる。四つん這いで歩いていたはずが、二本足で立つようになり、手を使ってあたらしいことをつぎつぎに生み出していく。服をつくって着るようになったのも、なにかの発見から始まって、誰かが手を動かしたのだ。

生存の欲望のうえに、さらに頭が活発にはたらくようになり、想像力が機能しはじめる。そして、技術や方法がつぎつぎに革新されていった。農業も組織化されてゆく。火を使う料理にも、香辛料が加わるようになる。服も編まれるようになる。

集落が村になり、村が束ねられ、小さな国のようなものができてくる。さらにそのうえに王が現れようとするあたりから、おそらく「働かされる」の感覚、感情が始まっていたのかもしれない。

「働かされる」は産業革命があっても、共産主義革命があっても、情報革命が進行し、ＡＩが人間の労働の多くを肩代わりするようになったとしても、消えない感情として残っていくような気がする。

「働かされる」と感じたとたん、停止してしまうものがある。それは想像力だ。

あらゆる仕事には、自分の想像力をひろげる余地がある。部屋に掃除機をかけること、窓ガラスを拭いてきれいにすること、食後の皿洗いでも、自宅のトイレ掃除でも、想像力をひろげる余地はある。想像力は、単純な労働作業に思えたもののなかに、変化を呼びこむなにかを発見することができる。靴磨きのベテランは、どんなブラシをどの段階で使うか、汚れの効果的な落とし方、クリームの適量、磨く布の種類の使い分け、磨く方向、力の加減など、知識と経験のストックから手順を導き出し、身体的記憶にしたがって靴磨きの作業を進めているはずだ。自分を目指してやってきてくれる常連のお客さまとの会話、やりとりも、働くよろこびのひとつにちがいない。

しかし、「働かされる」「やらされている」と感じた瞬間、想像力の出入り口はカタンと音を立ててふさがれる。作業のあらゆるディテールが無意味なものに思えてくる。すべてを投げ出したくなる。こんなことをしていて、何になるんだと。

自分のやりたいことを追究しているうちに、結果として長時間労働になってしまった。時の経つのを忘れて取り組んだのは、この仕事がおもしろいからだ。ひと仕事を終えたときに、疲れと同時によろこびを感じる、大変だったけれど充実した時間だったと思う――そう感じている人にまで、あなたの労働はブラックだよ、と指摘すべきなのかどうか。

もちろん、給料が安く、労働時間が長ければ長いほどいい、と言っているわけではない。休まず働けと言っているわけでもない。

自然相手の第一次産業に就いている人たち、農業、林業、漁業などの仕事に就く人たちは、あらかじめ仕事の結果が約束されないまま、それぞれのフィールドで夜明け前から、あるいは数ヶ月のあいだ遠い海で、働いている。最善の収穫の日が休日にあたったとしても、農家の人たちは迷わず畑に向かうだろう。労働条件の観点から考えたら、多くの第一次産業はその時間の不規則性からブラック、ということになりかねない。

ぼくの姉は農業に就いている。もちろん苦労はある。それでもなお働くことによろこびを感じているのが伝わってくる。第一次産業に就いている人たちは、自然というおおきなものに対しては受動的だが、そのなかで働く姿勢は能動的だ。成果をあげたときの笑顔は、こころからのよろこびに溢れたものだ。

戦後になって、高度経済成長がつづくなか、第三次産業である小売業やサービス業が学生の主な就職先になっていった頃から、「働かされる」と感じる人が少しずつ増えていったのかもしれない。第三次産業の性格上、自分の手でつくりあげたものを、直接お客さんに手渡す、という場面が見えにくくなったこともあるだろう。「働く」とは「会社に就職すること」とほぼ同義になり、「働いた」成果として手渡されるものが給料の明細であったり、役職名だったりする労働環境が、働くことの意味や価値を実感しづらくしていった部分もあるのかもしれない。

スペシャリストとジェネラリスト

一般的な大企業の人事異動の話を聞くと、営業から企画に移って、それから今度は総務に行って、とさまざまな部署を経験する場合が少なくないようだ。将来、経営陣に入るような幹部候補生であれば、会社組織がどのように運営されていて、実際にどういう仕事をしているのかをひととおり経験しておくことが必要なのかもしれない。大企業の場合、労働組合の委員長は出世コースにのっている人が就く役割で、早くから会社の経営状態を知り、労務管理も学んでおくようになっている、と聞いたこともある。会社にとって大切なのは、特定の分野についての知識や経験、技術をもつスペシャリストよりも、さまざまな領域についての知識や経験、技術をもつジェネラリストだ、という発想から、大企業の人事異動が行われるらしい。

なるほどと思う部分もあるけれど、考えてみれば、それは新卒で就職して、その会社で定年まで働くのがスタンダードであった時代の人事なのではないか、という気もしてくる。働くこととは、すなわち会社に就職して、定年まで勤めあげること、その前提があってこその考え方、システムなのではないか。

ミナの場合は、経営幹部になってもらうために、さまざまな部署を経験してもらう、という考えはない。

異動して、他の部署で働きたいという希望をつよくもっている人がいたら、それはまた別の話だ。たとえば販売から企画の仕事に移りたいという気持ちをつよくもっている社員がいるとしたら、会社にその希望を表明してもらい、たとえば週に一度、企画の仕事に参加して、どんなプレゼンテーションができるかを試してもらう、というやりかたはある。ただ、めざましいプレゼンテーションができなければ、企画に異動しても苦しむだけになるだろう。スペシャリストにはどうしても、継続して発揮できる力がほしいからだ。ひとつのことを深く掘り下げる力だけでなく、スペシャリストにはその持続力も必要になってくる。スペシャリストは長距離ランナーのようなものなのだ。

では、長距離ランナーにはどんなゴールがあるのだろうか。

創業して二十五年のミナ ペルホネンには、まだ定年についての実例がない。すでにお伝えしたように、表参道の「call」でスタッフとして働いてくださる方についても、年齢に上限はつけなかった。

働く能力と年齢は、かならずしも比例するものではない。仕事の成果が出ていれば、その成果で評価されるべきだと考えている。六十歳を過ぎ、定年を延長するにせよ、雇用形態を変えるにせよ、一律に給与を減らすことを条件とするのはおかしいのではと思う。給与は働きに応じたものを渡す。シンプルでわかりやすくあるべきだ。

ぼくが社長ではなくなり、ひとりのデザイナーとしてミナで働きつづけ、八十歳を過ぎたとして、同じようにデザインをしつづけていたのなら、応分の給料を出せばいい。デザインしながら半分は居眠りしているのが実態なら、いや、デザインのつくりだす価値が半減してしまったのなら、給与は半分にすればいい。居眠りばかりしてたらクビかもしれない。それだけのこと、シンプルな話だと思う。

単純に年齢で区切る定年という考え方もまた、毎年多くの一括採用をつづける大企業にとってのところてんを押し出すようなシステムの一部にすぎないのではないか。そこには働くことの本質はまったく含まれていないと思う。もったいないことだ。

長距離ランナーとしてのぼくには、思い浮かぶようなゴールはない。どこまで走れるだろうと想像することはある。でも、目指すゴールを考えたことはない。

理解と共感

どこまで走れるかは、働くよろこびがあるかどうかだろう。

働くよろこびがその条件をしのぐほどおおきければ、オセロゲームの黒のコマがパタパタと白のコマに変わってゆくことがある。もちろん、仕事が強制され、人間の尊厳を失うほどの労働だとしたら、黒のコマは黒のままだ。働くよろこびは生まれない。それはここで論じるまでもないだろう。いっぽうで、いくら労働条件がよくても働くよろこびがなければ、白のコマはただの白のままだ。コマがひっくり返るとき、よろこびが生まれる。たとえコマが白くても、白のまま変わらないのでは虚しいのではないか。白が黒になり、黒をふたたび白に変える。その過程や変化のよろこび。自分が手を動かし、頭をはたらかせるうちに、何かがひっくりかえり、うまくいくようになる。まいた種がいつしか芽をだす。働くとはそういうことではないかと思う。

しかし「仕事によろこびをもてるかどうか」という話がうまく通じないほど、「働くよろこびは労働条件によって決まる」と受け取られることが多くなってしまった気がする。

経済状況の悪化とともに、第三次産業で働くことの難しさが表面化、深刻化しているのだと言われれば、たしかにそうなのかもしれない。その処方箋は、残念ながらぼくの手元にはない。ぼくが実感をもって伝えることができるのは、個人の人生における働くことの意味と、働くよろこびについてだけだ。

若い人たちは、自分たちは恵まれない時代に生きていると感じているかもしれない。そのことについて、否定するつもりはない。でも、どんな時代を生きているにしても、強制労働でない限り、職業を選択する自由はある。辞める自由もある。自分の人生は、戦争などの不可抗力が降りかかってくる場合を除けば、どんな些細なことでも自分で決められることを忘れないでほしい。

もうひとつは、働くことの見直し。いま自分が就いている仕事を、少なくともブラックでないものにするために、自分の仕事に対し自分の想像力を働かせ、ささやかな「よいこと」をプラスしていくことができるかどうか、考えてみてもいいのではないか。まったくその余地がなければ、そこで働くことをもう一度考え直したほうがいいかもしれない。たとえわずかな余地だったとしても、その狭い場所で「よいこと」を実現できそうなら、働くよろこびはかならず生まれる。ぼくはそう考える。

労働条件は、よろこびやしあわせを決定づけるものではない。今日一日、自分がどのように働くかを考え、そして一日を終えて、自分の一日を振り返ったとき、どんなささいなことでも何かはできたと思い、それをよかったと感じられたなら、それこそが働くしあわせではないだろうか。働くよろこびは、自分の外側にあらかじめ用意されたものではなく、内側に生まれるものだ。

ミナ ペルホネンは、服をつくり、服を売っている。ものをつくって売るよろこびとはなんだろう。

服が売れるよろこびとは、自分たちがつくった服の理解者が現れたよろこびだ。服をつくってくれた人たちや、いろいろなかたちで協力をしてくれた人たちに、こうして服が売れました、あなたとの共同作業がきちんと全うできましたよ、と伝えられる充足感でもある。自然から得られた素材を無駄にしないで済んだ、という安堵もある。

洋服屋は、とても小さく始められる業種だ。ぼくの最初のアトリエは六畳の部屋だった。ミシン一台、布一枚、おおきなテーブルさえあればできてしまう。おおきな会社組織もいらない。最小単位の製造業のひとつのような気もする。パン屋を始めるにはどうしてもオーブンが必要になる。洋服は、極端にいえばミシンがなくても、針と糸とハサミだけでつくることができる。もっともシンプルに手を頼りとする仕事なのだ。

ぼくの日常は、いまも毎日がほとんど変わらない。朝、目が覚めると、ああ、今日もやるべきことがたくさんあるなと思う。会社にいけば順番にやるべき仕事が待っている。ひとつひとつに、やりがいがある。仕事が終われば家に帰って、おいしいものを自分でつくって食べる。こんなしあわせはないと日々感じている。

自分の仕事に隣接するジャンルで働いている人と知り合うようになり、話を聞くこともたのしい。ものをつくる仕事に、これだけのバリエーションがあり、ディテールがあると知るたびに、静かに興奮する。それぞれの人の、これまでの道のりを垣間見るだけでも、生きることの多様性を感じる。うまくいかないこと、失敗、挫折、マイナスな経験をしたことがない人にこれまで会ったことはない。

つくることのむずかしさ。つくることのよろこび。それはいつも両方の手のひらのうえにある。

建築家にしても料理家にしても、ぼくたちの仕事に共感してくれる人と出会うと、自分も、それに見合う仕事ができているだろうか、と身が引き締まる。その刺戟を求めているところもあるかもしれない。

自分の信じる仕事をつづけていれば、また思わぬ出会いがあるだろう。ミナ ペルホネンが「せめて百年つづく」ためには、ブランドの窓や扉を、高い場所にはつけず、閉め切りにもせず、広く、のびのびと、鍵をかけずに開いておくことだと思っている。あたらしい風はいつでもそこから入ってくるだろう。

よい記憶

ぼくたちの仕事は、以前よりも羽根をひろげるように、幅をもつようになってきている。

ミナ ペルホネンは服ばかりでなく、テキスタイル、生地そのものを直営店で販売している。代官山と京都には、フィンランド語で「素材」を意味する「materiaali（マテリアーリ）」と名付けた店がある。「materiaali」を始めたのにはいくつかの理由がある。

ミナ ペルホネンの生地を手に入れて、自分で縫製して服をつくれば、店で買っていただくよりも自由にたのしんでいただけるということがひとつ。そして、服をふくむあらゆるものが消費材として扱われるようになったいま、誰かのために何かを手づくりするという経験を大事にしていきたいということもひとつ。

子どものために服をつくるとか、親につくってもらうとか、友だちにバッグをつくってプレゼントするとか、買うばかりではなく、ある時間をかけて、気持ちとともにつくりあげ、手渡したり手渡されたりということが見直されてもいいのではないかという思いから始めたことだ。テレビやパソコン、携帯から離れて、音楽やラジオを聴きながら、あるいは無音の部屋で手を動かす時間は、なによりも自分自身にかえり、自分自身と言葉ではない対話のできる、穏やかな時間になるのではないか。そんな豊かなひとりの時間のために、気持ちをこめられる素材を提供していきたいと思う。

何かをつくって人から人へ手渡すというだけでなく、自分で選んだファブリックで、自分の暮らしの彩りを変えることもできる。椅子やソファの張地を自分で選んだり、カーテンの布地として選んでつくったり、自分だけのベッドカバーをつくってもいい。ファブリックを選んでサイズを伝えてくだされば、こちらでカーテンをつくることもできる。つくり手はお客さまでもぼくたちでもかまわない。

既製品ではない、よりパーソナルな素材として、ファブリックを取り入れてもらえたら、と願ってはじめたことが、すでに多くのお客さまに受け入れられ、ミナ ペルホネンのファブリックがどのように姿を変えてゆくのか、お話をうかがう機会も増えた。服を売るだけでは見えてこなかった、素材の価値を再発見することもしばしばある。自分たちの仕事の未来へのヒントもいただくようになった。

ミナという会社を経営するなかで、次の世代に手渡すべきことはなんだろう。この十年ほどのあいだ、そのことをずっと考えてきた。

こういうデザインにすべきだ、こういうクオリティであるべきだ、というモノへのこだわりは、そもそもどこからやってくるものなのか。

考えを煮詰めてゆくと、しだいに煮詰めた底から現れてくるのは、どうやら、かたちではないものである気がしてきたのだ。

そもそもファッションやインテリアなど、さまざまなデザインを生み出すことで、ぼくらはいったい何をしたいのだろうか。

ミナの業態は、以前よりもはるかに、多くの枝葉をのばすようになってきた。枝葉をのばしてきた理由も、同じところからやってきたらしいと、自分の動機のようなものを整理しながら、具体的に考えることができるようになった。

ぼくたちがさまざまに、お客さまに提供しようとしているものとはなにか。

それは、「よい記憶」となることではないか。そう思うようになった。最終的には、かたちそのものが目的ではなく、人のなかに残る「よい記憶」をつくるきっかけになるもの。それをつくりたいのだ。

いまつくろうとしているこれは、手に入れた人にとって、それを経験した人にとって、「よい記憶になるだろうか」という問いがつねにあり、願いがある。あまり意識しないままできたのだが、自分の気持ちを深くまで探ってゆくと、そこにたどりつくことになった。

祖父母のやっていた輸入家具の店で、幼いぼくを革のソファに座らせながら、「これはバッファローの革だよ」と着物姿の祖母は言った。素材に触らせてくれながら、「これはカーフといってね、子牛の革をなめしたもの。やわらかいでしょう」と教えてくれもした。いまだにその感触や匂い、ソファの座り心地を覚えている。祖母のおだやかな声も。それはたぶん、一生消えない記憶だ。

ミナの服を着たときに経験した記憶が、服とともに残ること。刺繍のでこぼこした硬い表面を手でふれた感触。ミナのバッグに大事なものをひとつだけ入れてもち歩いた街の光景。自分の気持ち。「call」のカフェレストランで口にしたスープの温度、舌触り、口にひろがった味。そのとき窓の外に見えた空の色。

ミナは、その人を黙ってささえるような「よい記憶」となるために、モノやサービスを提供する会社であってほしい。次世代に手渡すべきことを、言葉にするならば、そう定義できるのではと考えている。

ミナのアイディアやデザインは、暮らしのなかから生まれるものだ。見て、触れて、たしかめる。暮らしのなかの「よい記憶」から、つぎのアイディアがひらめき、生まれることもある。つくったものがほつれたら、手をかけてつくろうように、アイディアもデザインも、手入れを重ねてゆく。その先でまたあらたなかたちが生まれる。着心地や使い勝手は心地よいだろうか。別のやり方はないだろうか。これがいちばんいいものなのか。問いかけをつづけていれば、それはかならず未来のかたち、ディテールにつながってゆく。

ファッションの主流は、シーズンごとにかたちが変わるスタイルになっている。今シーズンはこれを着たい、さて来シーズンはと、時間が流れるにしたがって、それまでのものはどこか色あせて見え、前のかたちは舞台から引いてゆく。

ミナがつくる服は、長い時間の流れのなかにおいて考え、色あせないものにしたい。何年も前に求めてくださった服の修繕もよろこんでお受けする。長く着てくださることが、ぼくらの誇りでもある。もちろん、それが唯一の正解だと思っているわけではない。自分たちはそのようにしかできない、と言い換えてしまってもかまわない。

今シーズンのたったいまの瞬間の、身にまとった人の時間を光らせる、そのような先端をゆくブランドもある。その記憶もまた、人生のなかの長い時間にわたって維持されるだろう。「よい記憶」は、所有していたり身につけていたりする時間の長さだけではかならずしも決まらない。記憶の強さ、豊かさが、「よい記憶」をもたらすこともある。

ぼくは、考え方も、ものづくりも、じっくり熟成させていくタイプだ。もともとぼくには短距離走者的な瞬発力がない。長距離ランナーの体質や筋肉の性質が、短距離ランナーのそれとは違うように、ブランドにもさまざまなタイプがあるのだと思う。

たったいま、すぐに何か特別なことをしなさいと言われても、ぼくにはそれができない。じっくり考えるうちに、試行錯誤を重ねるうちに、じょじょに理解を深めてゆくほうが、安心してものづくりに取り組むことができる。

何かをつくろうという意志は、着地点や結論を想定せずにはいられない。しかし、プロセスと結果はつねにセットなのだ。そして結果が出ればプロセスが不要になるわけではない。ひとつの結果もまた、長いプロセスの一部だとぼくは考えている。途中経過をずっと保ちつづける。ミナのこれまでの歩みがそうであったように、これからのミナもそのようであるだろう。

デザインの継承

「せめて百年つづく」といっても、皆川がいなくなったとき、ほんとうに「つづく」のですか、という疑問をもつ人もいるかもしれない。

たとえば、グラフィック。つまり生地の柄のデザインについても、つづくための土台は準備ができている、いや、すでに始まっているといっていい。

ミナ ペルホネンは毎シーズン、あたらしい柄を十数点、送りだしている。しかし、これは少し数が多いのかもしれない、と実感するようになった。四半世紀におよぶ活動のなかで、柄のバリエーションの分母は、すでにかなりの数になっているからだ。

前にも述べたように、marimekkoは五十年前に発表された柄であっても、お客さまに愛されるようになった定番の柄は積極的に使いつづけ、その柄がmarimekkoのアイコンにもなっている。ぼくたちの場合は、その代表的なものがtambourine（タンバリン）という柄になる。

初めての直営店を白金台にもった頃に生まれた柄だから、もう二十年になる。
定番となった柄は、ブランドの屋台骨になり、シンボルとなって、生きつづける。しかも、その柄には、表現されていない可能性が潜んでいるのだ。

それはどういうことか。

たとえば海の波をデザイン化した古典的な文様に「青海波」がある。古代ペルシャで生まれた文様がシルクロードをへて日本にたどりついたと言われているが、いまも和のデザインの、洗練されたシンボルのひとつにもなっている。ご承知のように「青海波」にはさまざまなバリエーションがあり、使われ方にも多様性がある。パソコンやスマートフォンなどに表示されるWi-Fiのシンボルマークにも、「青海波」の影響はあったのではとぼくは想像している。「青海波」のように、人間の視覚や身体に染みこんだデザインは、いかようにでも生まれ変わり、使われつづける可能性がある。

ロイヤル コペンハーゲンの「ブルーフルーテッド」と呼ばれる柄。花や葉、つるがモチーフとなった、いまも職人がひとつひとつ手で描いている藍色の線画。誰でもひと目で「ロイヤル コペンハーゲン」とわかる模様だ。その起源は中国にあると言われている。そのもととなる柄を取り入れ、洗練させて、いつしかロイヤル コペンハーゲンのアイコンとなった。しかも彼らは、単に複製して再生産しているだけではなく、その柄をどのように見せるか、刻々と進化させているのだ。

たとえば現在とても人気のあるライン「ブルーフルーテッド メガ」は、柄のモチーフを思い切って拡大させ、左右非対称になるようなレイアウトにして、古風ともいえるオリジナルの柄をモダンなデザインに変化させることに成功した。しかも「メガ」のアイディアは、デザインスクールで学んでいた若い学生の提案によるものだという。親から子へと受け継がれ、使われてきた「ブルーフルーテッド」の食器で育った女子学生が、自分の視覚に馴染んだ柄を、あたらしくデザインし直すアイディアを思いつき、ロイヤル コペンハーゲンに持ちこんだ。老舗のデザイン部門はそれを受け、実際の商品「メガ」をつくりあげることになったのだ。古風ともいえる「ブルーフルーテッド」の、デザインとしての完成度が、モダンなものに生まれ変わる力をもっていた、ということだと思う。

前にも述べたとおり、ぼくばかりではなく、田中景子をはじめとするインハウスのデザイナーは、シーズンごとにあたらしい柄を発表している。小物や靴などのデザインについても、頼もしい、才能のある若手が育ってきている。そして、ぼく自身も、デザイナーとしてはまだまだやりたいことはある。ぼくはいま経営のトップだが、持株会社の設立によって、経営を後継者にバトンタッチすることができるようになった。つまり経営の第一線から退くことになったとしても、インハウスのひとりのデザイナーとして、デザインの仕事に集中する日がくるかもしれない。

人生はいつなにが起きるかわからない。八十歳でも現役でいるのがあたりまえ、という時代になるとすれば、ぼくのデザイナーとしての余生はまだまだ先が長い、と言えるかもしれない。

あたらしいデザインを育てる。定番のデザインを磨き直す。

どちらも「せめて百年つづくブランド」には、欠かせない仕事なのだ。

そして、もうひとつ、ミナ ペルホネンで受け継がれねばならないことがある。

織りや糸、生地、テキスタイルのクオリティだ。

ミナ ペルホネンといえば、グラフィックに注目が集まる。それはぼくたちのアイデンティティでもある。でも大事なのはそれだけではない。これまでにも述べてきたように、素材、織りや糸、テキスタイルの手触りが、ぼくたちの生命線なのだ。東京都現代美術館での「つづく」展での会期中に、一度だけファッションショーを開いた。そこで、モデルに着てもらった服のポイントとなるものを、おおきく三つに分けると、こういう割合になる。

グラフィック＝五割、テキスタイルのテクスチャー＝三割、色で見せる＝二割。つまり服の半数は柄にデザインのポイントがあるが、「色で見せる」で表現される服には、どこにも柄はない。しかし、お客さまもメディアの人々も、ミナ ペルホネンといえば、自然をモチーフにした柄ものの服をまずイメージするのが普通かもしれない。印象としてはグラフィックが八割を占めているのではないか。しかし、実際には半分程度にすぎないのだ。

ぼくはこう考えている。柄があるにしても、ないにしても、つまるところは素材、織り、生地のクオリティなのだ。

それらのクオリティは、なにが保証するのか。

それはやはり、蓄積だと思う。

素材のもつ性質、素材の良し悪しを決めるポイント、染めや織りとの相性、着たときの肌合いを決めるものはなにか……これらのことは教科書的に学ぶものがゼロではないにしても、やはり現場で、つまり工場で、職人さんとやりとりしながら学ぶものがすべての土台になってくる。現場での蓄積。

ミナ ペルホネンは、綿やウールをはじめとして、さまざまな素材を扱い、それぞれの素材を得意とする工場と連携している。織りやプリントについて、最高の技術と腕をもつ職人とやりとりしている。このやりとりばかりは、マニュアル化できない。つまり、現場での直接的な職人とのやりとりと、その蓄積は、ぼくたちのブランドの知的財産ともいえるものなのだ。

ミナ ペルホネンでは、生地ごとに、あるいは工場ごとに、ものづくりの管理をする担当者がいる。もちろん「管理」だけが仕事ではない。ものづくりの実際を職人とやりとりしながら、その経験から導き出される「あたらしいデザイン」「あたらしい服」を考え、企画する仕事だ。

たとえばレース工場であらたな柄をデザイン化するとき、こちらの要望をそのまま立体化することは難しいと言われて、そこですぐにやめてしまうのではなく、「そうであるならば、柄の解釈をこのように変えれば、機械で再現することは可能でしょうか」と提案し、職人にも再考してもらうのが、ぼくのこれまでのやりかただった。もちろん、いまもやっている。そして、その現場には管理と企画の担当者もかならず立ち会って、ぼくと職人のやりとり、会話の様子を見ている。

担当者のなかには、ぼくと職人のやりとりが蓄積されてゆく。もちろん、職人とのやりとりはワンパターンではすまない。職人にもさまざまな気質があり、言葉遣いがある。お互いのよろこびにつながる経過もさまざまだ。人と人のコミュニケーションより、人と人の組み合わせの数だけある、といっていい。場合によっては、ぼくとのコミュニケーションより、若手の担当者のほうが気に入られて、「わかった、もう一回やってみよう。これで成功させて、みんなをあっと言わせよう」と言ってくれる職人だっているにちがいない。

職人とのやりとりの継承も、以前とは較べものにならないほど、進んできている。四半世紀の時間が流れるなかで、職人も次世代にバトンタッチされるケースがある。ミナの担当者と職人の、それぞれのバックグラウンドや心情が、世代的により近しいものになってゆく、というケースも増えていくだろう。

ぼくたちの知的財産ともいえる蓄積は、かつてないほどの厚みをもつようになった。生地の可能性もまだまだ広く、果てしない。まだまだやれることはある。

将来、柄ものではないマテリアルとしての素材によって、ミナ ペルホネンのシンボルとなるような服も誕生するかもしれない。ぼく自身の仕事としても、若手のスタッフにとっても、その未知なるデザインに近づいていきたいと思う。

ぼくがいるか、いないかで左右されるようなブランドでは、もはやない。すでにそのような段階にミナ ペルホネンは進んできている。

服と人間のからだ

そのような服をつくってきたぼくが、海外のデザイナーのなかで特別な存在と感じてきたのは、クリストバル・バレンシアガだ。

一八九五年にスペインのバスク地方に生まれた彼は、母が裁縫師だったこともあり、少年の頃から早くもテーラーとしての見習いを始めた。マドリードで修業し開業するうちに、その腕をかわれて貴族の顧客を得るようになり、スペイン王室からの注文も受けるまでになった。ところがスペイン内戦が始まり、戦火を避けるため、一九三七年にパリに移住、すぐさまオートクチュール・コレクションを発表する。

パリでオートクチュール・コレクションを始めるまでの職人的なキャリアは三十年におよぶ。採寸、デザイン、裁断、縫製まで、あらゆる仕事をすべてひとりでこなし、その技術を磨き上げていった。細部へのこだわりもつよく、仕立ては非の打ちどころがなかった。その技術の上に、シェイプ、テクスチャー、カラーを芸術的な領域まで統合させた独創的な服をつくりあげた。のちに彼は「クチュール界の建築家」と評されるようになる。人間のからだを、人間のからだの動きを、どうすれば美しく見せることができるか、ひとを美しく包む立体としての服を考えつづけ、つくりつづけた人だったからだ。バレンシアガというブランドはいまもつづいているが、彼がデザイナーとしての活動に終止符を打ったのは六八年。半世紀以上も前のことだ。引退から四年後に彼は世を去っている。

二十代のころに手に入れた分厚い本で、ぼくはくり返しバレンシアガの服を見ていた。のちにパリで、バレンシアガのヴィンテージとなった服を見ることができた。彼のデザインする服はどの角度から見ても美しい。後ろからでも真横からでも、動いたときにも、座ったときにも、すべての面がつながり、立体物としてのバランスをとっている。

ミナの服はいまもグラフィックの印象が強いと思う。グラフィックはこれからも大事な要素であることには間違いない。ただ、ここのところこだわりつづけているのは、服の全体の印象を、前から、後ろから、あるいは横から、少し上から、やや下から、動いているとき、座っているときに、それぞれどう見えるか、くり返し確かめている。平面のグラフィックの見え方ももちろんなのだが、立体としての服がトータルにどう見えているか。このチェックにさらに時間をかけるようになった。

そして、近年のあらたな要素としてつくるようになったパンツも、ミナの服にあらたな視点を与えてくれている。

十数年前まではパンツはほとんどつくっていなかった。しかしパンツをつくるようになって、上もグラフィック、下もグラフィックで組み合わせるのは、ミナのデザインの主張がつよくなりすぎないかと考え、これまでにはなかった無地のパンツが生まれることになった。

無地はグラフィックがのっていないのだから、布地そのもののクオリティ、テクスチャー、色合いがより一層大事になってくる。無地の素材のあらたな開発も、グラフィックをのせた生地を開発するときと同じように丁寧に進めた。

無地の服はシェイプがより際立ってくる。デザインを試行錯誤するうちに、ミナらしいシェイプが生まれてくるようになる。はじめて手がけた頃のものは、いまのパンツとはシェイプが微妙に異なっている。時間をかけ、少しずつ手を加えながら、シェイプが変化していったのだ。シェイプにはつよい個性は出さず、グラフィックでスタイルをつくってきたミナの服に、変化が生まれることになった。

パンツが存在感を出してくるようになって、もうひとつ起こった変化はスカートの丈だった。パンツは基本的に踝あたりまでの長さだ。そのバランスを見ているうちに、それまでは膝よりちょっと下の丈だったスカートが短く感じられるようになった。パンツをデザインするようになって、スカートの丈が少し長くなったのだ。無地のパンツの開発をきっかけにして、シェイプの探究に、より力を入れるようになってきている。

広げると台形のようなかたちになっているワンピースをつくった。腕を通す両袖の穴と、両手が入るポケットの穴が、台形の外側の同一線上にのっているデザインになっている。クリストバル・バレンシアガの建築的な服への関心は昔からもっていたが、自分の服についても構造的な関心をもってつくりあげてゆくことが少しずつ進んでいる。服というものへの概念が、自分のなかで成長していると感じる。服づくりには到達点、終着点というものがない、とつくづく思う。

人間はいつからか服を身にまとうようになった。服がなければ、外に出て活動することはむずかしい。つまり服は、人間が最初に収まる、いちばん小さな空間でもある。そのなかに収まりながら、外側の空間と触れることのできる最小単位の空間、それが服である、と考えるようになった。服の空間をまといながら、外の空間に触れるよろこび。服の空間に包まれているからこそ、からだがのびのびとする。服には着心地という言い方がある。しかし空間の居心地として考えたとするなら、服に対するあらたな考えかた、クリエーションの発想が生まれてくるのではないか。ぼくはいま、服の着心地とは別に、服の居心地とはなんだろう、と考えるようになっている。それはデザイン画を線で描いているときには十分には見えてこなかった何かでもある。

服のかたち、シェイプの探究が、これからのミナの可能性の枝として、さらに伸びてゆくことになるかもしれない。

ミナ ペルホネンのこれから

これからのミナは、おおきな根、おおきな幹から、さまざまな枝としての事業が生まれ、伸びてゆき、葉を繁らせるイメージでとらえている。

枝と葉が広がっていくとしても、根っこや遺伝子は変わらない。それがミナの存在意義であり、ありかただ。遺伝子という言葉を使ってはいるが、言うまでもなく家族経営にはしない。ミナのクリエーションの遺伝子をもちながら、別の個性をもった若手が、バトンを受け継いでゆく。

手がけたことのない新しい事業が生まれてくる可能性もあるかもしれない。

暮らしのなかで「よい記憶をつくる」のがミナの遺伝子だとすれば、たとえば、ホテルや宿のような事業も生まれるかもしれない。

京都ではすでに、建築家・中村好文さんとの協働で、古い町家の家を改修し、ミナのファブリックも使ったインテリアを設えた「京の温所」という宿泊施設の営業が始まっている。もともとは古く貴重な京町家を保存維持するために、ワコールが活用することになったものを、改修して日常的に使うことによって、長く将来にわたって維持しようとして始まったプロジェクトだった。京町家に流れていた時間を止めてしまうのではなく、使ってふたたび流れるようにしようという考えに賛同し、参加することになった。

旅も宿泊も、「よい記憶」として残ったときに、完結するものだと思う。

しかし、服とは異なる分野で、さまざまな人たちとの協働が増えてくると、「経営が多角化してきましたね」と言われるようになった。

「いえ、そのつもりはありません。ある意味では、服をつくるのと同じことをしているのにすぎないんです」と答えている。

おおきな幹から枝分かれするスタイルは、収益を見込める新規事業を増やして、やがて商社のような業態になるとか、リスクヘッジのためにいろいろな事業に手をのばしているとか、そのような意図があってやっていることではまったくない。

ミナがもしホテルをつくるとするならば、インテリアも手がけることになる。洋服と同じファブリックでつくられたクッションや椅子、あるいは「よい記憶をつくる」視線でつくったオリジナルの家具など、宿泊という特別な非日常の暮らしのなかで、ファッションとインテリアが調和してゆくことになるだろう。

飲食部門においても、ファッションと同じように素材を大事にし、無農薬の野菜を扱うだけでなく、廃棄ロスがない運営が原則になる。スパイラルの「call」では、カフェとグロッサリーを一緒に運営し、グロッサリーで余ったものはすぐカフェで使えるようにしている。これは端切れも廃棄せず、小物をつくって販売する、ファッションと同じ方法論だ。材料も労働もムダにはしたくない。

東京都現代美術館の「ミナ ペルホネン／皆川明　つづく」展は、ミナ ペルホネンの四半世紀の回顧展でもあると同時に、未来へとつづくミナ ペルホネンの姿を感じてもらえる展示になったと思っている。「つづく」展では、ミナ ペルホネンの宿泊施設のエチュード、エスキースのようなものとして、宿泊施設の実寸展示を中村好文さんに設計してもらうことにもなった。

設計のコアとなるものは、「フィボナッチ数列」だ。

巻貝に見られる美しい螺旋は「フィボナッチ数列」に基づいたかたちになっている。「フィボナッチ数列」とは、中世イタリアの数学者フィボナッチが発見した数列で、0、1、1、2、3、5、8……というように前の二つの数を足した数が次の数になるという性質をもつ数列のこと。巻貝から発想した「仮想のホテル」。これを会場につくってしまおうと考えたのだ。

貝殻のように、同じ材質の内壁と外壁がぐるぐるまわっていくうちに、外壁がいつしか内壁になり、内壁がいつしか外壁になる。柱・床・壁とバラバラの素材を組み立てるのではなく、みなひとつの材料でつくられるプランを考えた。

一般的なイメージと重なる壁はない。立ち位置によって目に入る空間が違ってくる。目に入る空間が、その人がいまいる空間という考え方。頭の中だけで完全に描くことはできないプランだったので、模型をつくってもらい、模型をもとにやりとりしながら納得のいくものをつくっていった。その設計プランどおりに、「ＴＯＴＯギャラリー・間」の中村好文展で屋外に展示されていたみごとな小屋をつくりあげた棟梁たちが、美術館の会場内に原寸大で建ててくれることになったのだ。

現実のホテルは、もちろん建物のおもしろさだけでは成り立たない。宿泊が「よい記憶」となるためには、なによりホスピタリティが必要になる。どんなに空間がすばらしくても、ホスピタリティがなければ台無しだ。ぼくらが考えるホスピタリティを実感し、共有できるような、ホテル運営のできるパートナーや仲間が現れれば、その人たちと組んで始めるかもしれない。適切なパートナーが現れなければ、自分たちだけで始めることもあるかもしれない。ただひとつはっきりしているのは、時が満ちる必要がある、ということだ。時が満ちなければ、夢のままで終わるだろう。思い立ったことでも、最終的に「やろう」と決意がかたまらない限り、無理に始めることはないと思う。この感覚は、いまも昔もかわらない。

第9章

生きる　はたらく　つくる

「ぼく」と「皆川明」と

ミナ ペルホネンでやってきたこと、いま現在の状況をこうしてお伝えしてきたが、ブランドを成功させた人間のたんなる自慢話に、もしも聞こえているとしたら、それはぼくの不徳のいたすところだ。

ぼくは不完全で、足らない人間だと思う。

服をつくることで、やっと世の中とつながることのできる人間でしかないのかもしれない。ときどき、ぼくは自分自身が気づいていない、ぽっかりと空いた穴を埋めようとして、ここまでやってきたのかもしれない、と考えることがある。

ぼくは両親が離婚した環境で育った。ぼくを生んでくれた母と、母子の日常的な関係は三歳のときに終わっている。その経験、あえていえばマイナスとなる経験を、自分がプラスに変える人生をみちびくことができたか、と問われれば、それはできなかった、と率直に答えるしかない。

新聞の連載に、イラストレーションを描く仕事もしている。気がつくと、イラストレーションには母子をモチーフにしたものがしばしば登場する。意識していなかったのだが、人に言われて、そう気づいた。イラストレーションは柄の原図を描くときと、まったく意識のはたらきかたがちがう。無意識にあるものが、そのままあふれてくる場合が多い。自然とそのように手が動くのだ。

自分の人生の成り行きと、自分が始めた仕事の成り行き。このふたつは重なり合い、補完しあう関係にあるのだろうか。

正直に言えば、関係ない、と言い切ろうとする自分もいれば、関係あるのかもしれない、と考えこむ自分もいる。

ただ、人生には予期せぬことが起こる。このことばかりは、実感をこめて、そう思う。そして、仕事を始めてからも、仕事にも予期せぬことが起きてきた。

生きることも、はたらくことも、じつはほとんどコントロールできないのかもしれない、と思うようになった。完全にはコントロールができないなかで、手を動かしつづけること。ここから生まれるものが「つくること」なのだ。

コントロールできないおおきな海に浮かびながら、手と足だけは動かすことをやめないでいる。息もしている。海の下で動いている海流が、ぼくをどこかに運んでいるのがわかる。突然、目の前にあらわれた小さな島に、這いあがる。そこでなにかをつくりはじめる。

その島が、ミナ ペルホネンになった。

その島も、海流にのってどこかに向かって動いているのかもしれない。

最近は、その思いがつよくなっている。

最後に、今後のことを書いておこうと思う。

ただし、それがどのように実現するのか、実現しないのか、うまくいくのか、いかないのか、それはわからない。

しかし、百人を超える仲間とやっている仕事を、「どうなるかわからない」とは言えない。仕事というものは不思議なものだ。人生がどうなるかを断言できなくても、仕事については、「これを始めます」と宣言する必要がある。

一人称単数の「ぼく」と、三人称として世の中に認知されている皆川明。

この本のなかでは、「ぼく」が自分の仕事をふりかえってきた。でもそれは、日常で働いている「皆川明」とぴったり重なるものではないかもしれない。スタッフも驚くような部分があったかもしれない。「皆川明」にとって、「ぼく」は少し余計なことまで書きすぎたぞ、というものだったかもしれない。でも、自分の仕事を徹底的に伝えるには、「ぼく」の視点と経験はどうしても欠かせないものだった。

これまで登場してきたさまざまな人たちが、「それはちがう」と感じるところがあったとすれば、それは自分の力不足。お詫びするしかない。しかし、嘘をついたり、虚勢をはったりはしなかった。

というわけで、「ぼく」の余計な話はこれでおしまい。

もう一度、皆川明にもどって、これからのことを書いておこう。

自分に欠けているもの

ミナというブランドをゼロからつくることができたのは、怖いもの知らずだったから、だろうか。

アパレルの企業に勤めたことがない、取引先との関係性もない、知識も不足しているし、経営の経験もない。自分に欠けていることと、不足していることばかりだと自覚していた。なにを始めるにしても、知らないこと、見過ごしていることばかりだろう。その怖さがつねにあったから、自分の思いつくかぎりのことをきちんとやらなければ、とても目標とする地点にはたどりつかないと認識していた。なにをするにも怖いことばかりだった。怖いもの知らずだからできたことなど、たったひとつもない。

デザインについても、自分には欠けているものがある、という自覚があった。たとえばそれは、服のシルエット、シェイプをつくりだす力だ。

文化服装学院に通っていたころ、服のデザインといえば、まずは服のシェイプを意味していたように思う。ファッション画として描かれるものは、ファッションショーのショーピースのように服のかたちが斬新であるのがあたりまえで、どれだけたくさんの斬新なシェイプを思いつくかの競い合いのようなところがあった。

ぼくはシンプルな、あたりまえのシェイプしか思いつかなかったし、そういう無理のない自然なシェイプのほうがいいと思っていた。しかし、デザインということばには当時、あたりまえではないものをどう創造するか、という意味合いが強かったように思う。ぼくたちがいまも昔も力を入れ、時間をかけてきたテキスタイルをつくるというプロセスは、服のデザインを学ぶ過程にはほとんど含まれていないように感じられた。

こんな奇抜なシェイプは見たことがない、という服をデザインするのが新人に求められる価値だとすれば、自分にはそれをつくりだす能力がかなり欠けているという自覚があった。プラスの持ち駒があるとすれば、工場やオーダーメイドの店で作業を手伝っていた経験くらいだった。ただ、手伝いをすることと、自分でブランドを始めることとのあいだには、おおきな隔たりがある。自分が主体になったとたん、見えないこと、わからないことがつぎつぎに立ちふさがってくる。

自分がそのようであるならば、すべてをゼロから始めることで、すみずみまで力をつけようと考えた。自分自身であらゆることを一から学びながら、仕事の全体を自分ひとりで完結できるようにする。取引先に対しても、ゼロの状態からやりとりを始め、信頼をつくりあげてゆく。手間はかかるけれど、ひとつひとつ確かめながら進むのが、自分にとって最良の方法だと判断した。それ以外の方法は自分には思いつかなかった。

誰かが舗装してくれた道をスタスタと歩くのとはまるでちがう感触だった。デコボコした砂浜を、足もとを一歩一歩確かめながら進んでゆくしかない。スピードは出ないし、バランスも失いそうになる。靴と砂の摩擦もおおきい。倒れるとしたら自分ひとりだ。

苦手なことだからこそ、時間をかけてつづけることができる。苦手なことほど簡単にはやめられない。簡単にはやめられないことを息つぎしながらつづけよう。裁縫が苦手だった自分が、アルバイトで裾上げなどの手伝いをしたとき、最初に思ったことはそれだった。陸上選手として長距離を走っているときも、苦しいときには似たような気持ちでしのいでいたように思う。

ファッションの世界に入ってからの自分は、自信満々でなかっただけに、のめり込むように我を忘れて突き進む、とはならなかった。なんの信頼も実績もないブランドが、どういうふうになっていくのだろうと、たったひとりで歩いている自分を遠く離れた上空から見下ろしているもうひとりの自分がいた。不安なはずなのに、もうひとりの自分には、それを眺めて「どうなっていくかな」と見ている余裕すらあったのだ。

スタート当初はまるで売れなかった。でも受け入れてもらうために自分の服づくりをどう変えればいいだろう、とは考えなかった。すでに多くの人たちに受け入れられている服の世界に入っていくとすれば、そこにはすでに競争相手がいる。いま自分がつくっている服にはたぶん競争相手はいないだろう。誰も泳いでいない、果てしなく広い海のなかに自分はいる。その海のなかで、どう腕を動かし、足を伸ばし、けり出せばいいのか。そのことだけに集中すればいい。競争相手がたくさんいる海に入り、横目で相手の動きを見ながら泳いでいると、自分のフォームが乱れるかもしれない。誰かのフォームに似てしまうかもしれない。それよりも、時間をかけ、試行錯誤を重ねて、自分の泳ぎかたを発見し、身につけたほうがいい。息長く泳ぐには、自分にふさわしいフォームがあるはずだ。そのフォームを身につけたら、さらにそれを磨いてゆけばいい。

自分が走った記録が残る。その記録は厳然たるもので言い訳ができない。その記録のすべてを受け止めて、次に臨む。競争相手の記録と比べてみても、なんの意味もない。ぼくが陸上競技で繰り返してきたことは、そういうことだった。陸上での結果を受け止める姿勢が、ファッションの仕事に入ってからも役に立ったと思うのは、自分の結果に集中し、次に向かう姿勢を保つ、そんな自分を自覚するときだ。

広告の仕事や建築の仕事には必ずクライアントがいる。クライアントには要求がある。条件の提示もされる。服づくりでは、つくりはじめるときには特定のクライアントはいない。条件は自分で決める。まずイメージとして現れる服を、自分の方法で完成させてゆく。これもまた、どこか陸上競技に共通するものがある。

そのようにして、自分の服づくりをつづけてきた。服づくりに迷い、ファッションの最新の傾向はどうなのだろうと不安に思ったことはない。自分の前だけを向いて歩いてきた。「つづく」展では、二十五年分の服を年代順に並べるのではなく、シャッフルしてひとつの部屋に並べて展示することになった。その展示を見てくれた何人もの人から、二十五年の時間の流れがあるはずなのに、どの服も古びて感じることがない、トレンドとか流行とかとは無縁な服、というニュアンスの評価をいただいた。それは外部で起こる流行には左右されずにやってきた自分の志向性が、二十五年のあいだ基本的にはほとんど変わることがなかった、そのことの現れなのかもしれない。

付加価値の考えかた

働くことについて、あらためて考えてみる。

たったひとりでミナを始めてから、ひとりずつ仲間が増えていった。二十五年のあいだに、十人、五十人、百人と社員も増えた。単数から複数に広がるなかで、働くことの意味合いも広がりをもつようになってきた。

一緒に働いている、という言葉を使うとき、どうしても同じ会社のなかで、という前提が思い浮かぶ。しかし、たった今のミナにとって、「一緒に働いている」には、取引先も含まれている、とぼくは考えている。ミナの服づくりは自分たちのなかでは完結しない。取引先の工場が服をつくり、完成した服を販売する利益は、ミナの社員ばかりでなく、工場で働く人たちの生活の糧も生みだしている。一緒に働く相手は、外側にもたくさんいるのだ。

ミナの服は手のこんだデザインになりがちだ。工場にとって、しばしば難しい作業が求められ、クオリティの高さも要求される。工場によっては、もっと単純なやさしい作業できる服にしてほしい、と考えてもおかしくはない。

幸いなことに、こちらの注文に応えてくれる取引先ばかりなので、交渉が必要になることはめったにないが、もし「こんな作業はうちでは難しくてできない」と言われたら、どうすればいいのだろう。

「難しい作業」についての考え方はこうだ。

難しそうで、ちょっと考えると出来るとは思えないような作業であればあるほど、挑戦してそれができるようになったとき、与えられるよろこびはおおきい。その確信がぼくにはある。ただ、作業してくれる側にそれを一方的に伝えても、たんなる精神論に受け取られてしまうかもしれない。ぼくは実際のやりとりで、このようなお願いをしたことがある。

「この難しい作業をこなせるようになれば、他の工場ではできないことをあなたの工場だけができることになります。できるようになれば、それは工場のあたらしい技術、財産になるし、しかも競争相手がいません。われわれも発注をつづけますし、その技術を知った別の会社が発注してくることもあるでしょう。工場の仕事が増えて、きっと利益もあがることになるはずです」

聞きようによっては、甘言を弄しているだけと受け取られかねないが、ミナと工場とのあいだで実際に何度かこのようなやりとりをして、あたらしい技術でつくった服をお客さまによろこんでもらい、工場に発注を増やすことができ、工場の利益にも貢献することとなった。このやりとりが一回でも成立して、よろこびを共有できれば、次からは説得の必要がなくなる。この関係性が成立し、信頼を寄せ合うことができれば、これこそが「一緒に働く」ということの価値だとぼくは思っている。

いや、工場で大切なのは効率だ、手間のかからない作業で大量の作業をしたほうが利益は最大化する、と主張する考えかたもあるだろう。その考えかたにも理屈はある。でも、半分は間違っているとぼくは考える。

利潤というものは、時間あたりの作業でどれくらいの価値を生むか、ということだ。たとえば一時間あたり千円の価値を生む作業があったとする。そこに、作業が難しく手間のかかる注文が入ったとして、十時間で一万五千円になったとしたら、どうだろう。工場の十時間あたりの利益は一・五倍になる。効率、という言葉には魔力があって、難しい作業はすなわち「効率が悪い」となりがちだけれど、クリエーションの価値が高ければ、単純な作業より時間当たりの効率がいい、ということもありうるのだ。

つまり、問題は生産量ではない。時間当たりでの利益がどれくらいになるのか、で考えてもらえればいい。難しい作業に応じた正当な対価を発注者が支払えば、工場の利益もあがる。当然のことながら、「そこをなんとかしてよ」は、いちばんやってはいけないことだ。難しい作業であればあるほど、対価を相応するものに値上げしなければいけない。そのすり合わせが、難しい作業の土台になる。もしも発注者であるがゆえの優越的地位を濫用して、対価を上げないで難しい作業を押し付けるのなら、このやりとりは成立しないし、よい製品はできない。信頼も生まれない。支出を抑えるのが利益をあげる唯一の手段と考えるような会社は、よいパートナーを永遠に得ることはできないことになる。

人の問題はある。難しい作業のオペレーションをどうすればいいのか、一緒に考えたり、生産ラインの都合をつけたり、難しい作業を工場全体のなかで管理して遂行するためには、経験とディレクション能力をもち合わせたキーパーソンがどうしても必要だ。機械を使うにしても、生産品のクオリティを保つのは、やはり人間の頭であり、目であり、手なのだ。「彼が定年で辞めてしまったら、もうできないかもしれないね」という事態も、当然起こってくる。

そういう場合もあきらめずに、これまでできていたモノや作業のクオリティを下げない他の方法はないか、あらためて一緒に考えればいい。発注する側もつねに知恵を絞る必要がある。いったん引き受けてもらったら、いつまでも同じ条件でつくってもらえるだろうと安閑としているわけにいかない。そのためには日常的なコミュニケーションが大事になってくる。おたがいに起こりうる、小さな変化に気づきあえるようになっていなければ、長続きするパートナーとして支え合うことはできないだろう。

機械も同じだ。使用頻度の少ない機械は、工場にとって場所をふさぐものでしかない。しかし、たとえ古い機械であっても、その機械でなければ実現できないディテールや作業もある。ミナの生地をつくるためにどうしても必要な機械であれば、その機械が一定の割合で使われる発注が必要になってくる。これも工場に無理を言えないのは当然だ。その機械を必要とする発注があって、しっかりと利益を生むのであれば、その間は古い機械でも活かしてもらうことができる。

人も機械も永遠に同じ状態で働いてくれるわけではない。一緒に働く相手がいまどんな状態でいるか、そのことも大事な情報として共有する。そこに信頼が生まれ、ものをつくるよろこびも生まれてくる。

「一緒に働く」にはこのように、さまざまなやりとりが含まれていることを、ぼくはこれまでの経験から学んできた。一緒に働くためには、目も耳も口もつかったコミュニケーションがどうしても必要になる。発注と受注のあいだをつなぐやりとりが、なによりも大切なのだ。

精神と身体

自分にとって、働くこと、つくることの根幹にあるものは精神だな、とつくづく思うようになっている。ぼくが生きていることの価値を世の中に提供できるとしたら、それは精神から生まれるものであって、身体から生まれるものではない、ということだ。

オーディオのユニットがあるとして、そこから音楽が流れている、とする。レコード、あるいはＣＤがかけられている状態。でも、そこにレコードやＣＤがなければ、オーディオのユニットは音楽を流すことができない。単なる箱だ。レコードやＣＤを他のオーディオのユニットに入れれば、そこで音楽は鳴りはじめる。

ぼくにとって身体とはオーディオのユニットであって、ぼくがつくりだすものとは音楽であり、ユニットは音楽を奏でるツールなのだ。どこへでも運ぶことができるレコードやＣＤは、五十年、百年経っても鳴らすことができ、オーディオのユニットにかければ、いつでも音楽が流れはじめる。オーディオのユニットが壊れてしまったら、そこで箱の役割は終わる。肝心なのは媒体に音楽を記録することであり、ユニットから流れてくる音楽そのものなのだ。それをつくりだすのが、デザイナーとしてのぼくの精神、という考えだ。

デザインをして、自分の時間をクリエーションに置き換えてゆくことが、ぼくの生きる時間だ。おいしいものを食べるとか、恋愛をするとか、そういったことを否定する気持ちはさらさらないが、生きていればそういうこともあるだろう、というくらいのものとして感じるようになった。偏った考えかた、感じかたかもしれない。

そういうふうに考えるようになったのは、自分に与えられている時間がだんだんと減ってきている、と感じているからかもしれない。人間はいつどんな理由で死ぬかはわからないものだけれど、平均的な寿命があるとして考えれば、二十歳の頃より残り時間が少ないのは当然のことだ。オーディオのユニットが壊れる前に、音楽を鳴らしておきたい、音楽を記録しておきたい、そんな感覚だろうか。

焦り、ではない。ここから先、どこまで行けるだろう？　という好奇心がよりつよくなってきていると感じる。デザインは自分より長い命をもつ。デザインは自分の精神活動から生まれる。目に見えないものから、自分という身体よりも長く時間をもちうるものを物質化することができる。精神から生まれたモノは、自分から離れて、そのモノの時間をもち、おそらくぼくよりもはるかに長い時間を生きるのだ。

ユダヤ人強制収容所に送られ、多くの同胞が命を奪われてゆくなかで、その時間と光景と思考の記憶を書き綴ったヴィクトール・フランクル『夜と霧』は、ぼくにとって特別な一冊だ。身体の自由を奪われ、生きて還る望みがほぼない空間で、フランクルの精神の自由は損なわれていなかったからこそ、あの本が生まれたのだと思う。自由もない、可能性もない空間。しかし精神のなかには自由があり、可能性もあった、ということだ。その精神の自由を、浪費するのではなく、限られた時間のなかで、なにかをつくることに使いたい。ぼくにとって生きるとは、その精神の自由と、その自由な活動なのだ。

どこかの会社に就職して、営業担当になっている人もじつは同じだと思う。そんな売りかたがあったんだ、と感心されるような営業の方法も、精神活動から生まれる。どのような職種にも、精神の自由と、その活動はあるはずだ。

アップルコンピュータを創業したスティーブ・ジョブズも、ゼロからパソコンをつくり、世の中に送りだし、携帯電話とパソコンを融合させたiPhoneのようなモノを発想し、デザインした。それも彼の精神活動がなければ生まれなかった。ジョブズは病で早逝することになってしまったが、彼が送りだしたモノはいまも世界中にあふれるようにある。これまで世の中にはなかったものだし、誰も考えなかったことだけれど、こんなことって可能だよね、おもしろいよね、というジョブズの思考のスタイル。その精神は、彼の人生よりも長く生きつづけ、発展し、これからも育ってゆく。

モノやそのスタイル、それを支える考えかたが長い命を保つためには、ジョブズがつくったものがそうであったように、クオリティが必要なのだ。クオリティがあれば、それを誰かが受け継ぎ、さらに成長させることができる。受け継がれるだけのクオリティは、短命のものには与えられない。クオリティがしっかりとあるものだけが長い命をもつ。そのためにはクオリティを突き詰めること、磨きあげること。そのクオリティを磨きあげるときに得た経験を積み重ね、その経験を検証し、深めてゆくことが必要だ。

モノに力がなければ、クオリティがなければ、捨てられたり、半額で売りさばかれたりすることになる。命が短くても、とりあえず売れればいい、という考えかたでは、いつまでもクオリティを備えた、命の長い、受け継がれるモノにはならない。短期間もてはやされ、誰もが手にするモノが現れることもある。しかし短期間のうちに鎮静化すると、明くる年には「そんなものがあったね」と過去形で語られるだけとなり、五年後、十年後にはすっかり忘れられてしまう。命の短いものをつくる人は命が短いことには無頓着だ。それでいいと思うから繰り返す。自分がやっていることに虚しさをおぼえたら、そのようなものづくりのマインドはおのずと変わってゆくだろう。

そして、ものづくりの素晴らしさは、美しさやクオリティだけにとどまらない。あたらしく生みだされたモノが、これまでとはちがう暮らしや、あたらしい価値を創造することさえある、ということだ。究極のクリエーションは、生き方を変える。それほどの力を持っているものだと思う。

どのように生きるか

働くことと生きて楽しむことは別のものとして考える、という人もいるかもしれない。生活の糧を得るために、働いているあいだは精神を押し殺し、とにかく稼げればいいと。働く場所や時間から解放され、家に帰り、自分の好きな趣味に没頭する。そのほうが人生を楽しめるという考えかた。

そのように働く人が、その仕事の場で関わる人と良好な関係を結んでいるのであれば、もちろんその働きかたを否定するつもりはない。投資によって短時間で莫大な利益を得る。そのような働きかたもあるだろう。その人が投資で得た資金で慈善事業をして社会に還元する。それはそれで素晴らしいと思う。

ぼくは働くことと生きることを分離させる道を選ぶことはなかったし、これからもないと思う。マグロをさばくアルバイトをしているときも、ぼくはそこから多くを学んだし、魚市場の親方とのコミュニケーションがいまもぼくのなかで生きつづけている。ミナの仕事にも、親方から学んだことが生きている。それは親方の仕事のなかに、生きることと仕事とを分けて考えないクオリティがあったからだ。親方に、若いものに伝えようとする何かが、いきいきと生きていたからだ。

親方とのやりとりを思い出すと、働くことと生きることを分けて、前者がＯＮ、後者がＯＦＦ、という切り替えがなかった。そのような充実した生きかたを親方から肌身で感じたのだと思う。親方はつねにＯＮだった。

若いときには迷うのは当然のことだと思う。どのような信念をもって、どのようなクオリティをもつ仕事をすればいいのか。自分の目の前は霧のようなものが立ち込めていて、その一歩を踏み出せない、自分がどういうときにＯＮになっているのかがわからない、そう感じる人も少なくないだろう。ＯＮになっているのかわからないまま働いて、家に帰ってきたときだけ、スイッチが切れてＯＦＦになったと実感できる、と。

そんなときはどうするか。

霧が晴れたと実感できるまで、誰かの仕事を精一杯、全力でサポートすればいい。ただひたすら手伝うこと。

大企業であろうが中小企業であろうが、縁があって就職した会社で、その会社のためにまずは精一杯働く。そこから見つかるもの、生まれてくるものが必ずあるはずだ。たまたま上司となった人にとって、その部署にとって、良い働きとなることは何かを考え、その仕事を粘り強く手伝っているうちに、働くことの意味や、仕事と社会とのかかわりも見えてくるだろう。ただし、精一杯というのは、無批判に、目をつぶって、という意味ではない。批判的に見えてくるものがあるのは当然だと思う。それはじっと見ておく。ただし、批判的に見えてくることを働きに対するネガティブな動機にはしないこと。批判的に見えてくる経験すらも、その後の生きかた、働きかたの糧になるからだ。目、耳、口をふさぐことなく、しかし精一杯という持続力は失わないこと。ここがとても大事なことだ。

ぼくの父も、定年までひとつの企業に勤めた。家族を養うために四十年働いた。父とは軋轢もあったが、こうして自分も長く同じことをやりつづけていると、父がサラリーマンとして継続して働いていたことに敬意をもつようになった。

ぼくも独立するまでは、手伝いに全力を注いだ。振り返って考えれば、そこにONとOFFの区別はなかった。自分が主体的に楽しいことをしているときがOFFの時間だ、という考えかたはなかった。精一杯というのは、そういうことだ。そのような手伝いかたをしたから、のちの自分のブランドに活かすことのできる経験を得ることになった。単なるお金を稼ぐだけのことと割り切っていたら、のちの仕事に活かす経験にはならなかっただろう。

こうしているあいだにも、時間は流れてゆく。

どんな人間にも平等に、時間は流れている。ぼくも老眼が始まっている。眠くなる時間も以前より早くなってきた。活動をする機能が少しずつ衰えて、活動するエネルギーの総量も少しずつ減っているのではないかと思う。そのことについては、じつは怖れているわけではない。むしろ無頓着だ。それこそOFFの時間にエクササイズをして、からだを鍛え、いつまでも若々しい身体を保つようにしよう、などと考えたことはない。

病気になることもあるかもしれない。その可能性を否定することはできない。しかし、そのような報われない事態についてあれこれ考えるのは意味がないように思う。そのような不安をもてあそぶより、ものをつくることを考え、そのことを深める時間を大事にしたほうが、精神と身体の健康にはいいのではないか。

老眼になると、眼鏡やルーペがないと細い線を描きにくくなる。であれば、たとえば太い筆記用具を使って、これまでにない魅力的な線を描くことができるように練習すればいい。マティスも晩年は筆を使わず、切り絵で絵を描くようになったけれど、それもひょっとすると、老眼や手指が思うように動かなくなったことによって発見したあらたな手法だったのかもしれない。

なにかが衰えたり、使えなくなったりしたとき、諦めたり嘆いたりするのではなく、あたらしい可能性を探ること。あらたな可能性をさぐれば、精神はふたたびいきいきと動きだす。

年齢を意識することが増えても、まとめの時間が近づいたとはまったく考えていない。終着点をどう迎えるか、という発想ももたない。これからの十年は過去の十年よりも、さらに密度が濃くなってゆくだろうと考えている。二十年後にはさらに、ミナの理念は深まって、大切なあたらしいことを始めているだろうと想像する。それは自分にとって、であることはもちろん、社会にとってもなにか価値のあることになっていてほしい。そう信じて、ぼくはこれからも自分の精神を働かせ、手を動かしてゆくだろう。

やればやるほど、頭のなかには簡単に解決できそうにないことや、やってみたいことや、必要だと感じることがあふれてくる。外から見れば、それはカオスの渦のなかにいる、ということかもしれない。そしてそのように渦巻いているものは、いまの自分たちが行っていることだけでは到底たどりつかないようなことばかりなのだ。そのような発見があればあるほど、自分たちがいまやっていることの意味が増してくると感じる。やってもやっても終わらないことをもつよろこび。

「せめて百年」という言葉を越えてゆくことを楽しみにしながら。

波紋のように

ぼくの持ち時間がいつまであるのか、どこまで仲間といっしょに行けるかはわからない。しかし次の世代と「よい記憶」を共有しながら、「よい記憶」をバトンタッチしてゆくことは、すでにもう始めている。そうでなければ、「せめて百年つづく」ブランドに育ってゆくことはできない。

しっかりした土台となる考えさえあれば、プランを具体化してゆくのはもうぼくでなくてもいいと思っている。もちろん元気でいられる間、頭がはたらき、手も動くうちであれば、ぼくもかかわって働くだろう。それでも仮に、ぼくの時間が足りなくなっても、仲間が引き継いで、つづけてもらえるだろう。ぼくはミナの仲間に全幅の信頼を寄せている。彼らなら、きっと実現してくれる。

バルセロナのサグラダ・ファミリアも、ガウディが死んだあとも延々と建築工事がつづいている。永遠に完成しないかに見える建築のうつくしさは特別なものだ。それはガウディですら、想像できなかったうつくしさかもしれない。ぼくはそう思っている。

水のなかに石を投げ入れると波紋が広がる。

その石がしっかりとしたおおきな石なら、ぽんと落とすだけで、波紋は遠くの岸のほうまでしっかり届く。コアな理念をしっかりともったおおきな石の波紋を、自分の立つ岸辺から、しっかりと投げこむこと。息のながい、おおきくてきれいな波紋をつくりたい。

湖の底にたどりついたおおきな石は、水面に広がる逆光のなかの波紋を、ただ黙って見あげているだろうか。

波紋を立てたのが自分であることを、すっかり忘れているだろうか。

ものは、「よい記憶」をつくるためのきっかけだ。だからものそのものや対象そのものには囚われすぎないほうがいい。何をすべきかを考えるとき、ジャンルや事業の分類にはこだわらず、どんな「よい記憶」にしたいかということだけを丁寧に考えていればいい。つくるべきものがなんであっても、「よい記憶」となることさえ忘れなければ、おのずとやるべきことが見えてくる。

それがよろこびであるうちは、ものから輝きが失われることはない。

本書は、二〇一七年九月から二〇二〇年二月まで十回にわたり、合計十七時間にわたって行われた皆川明へのインタビューをもとに、構成、執筆された。インタビュー・構成・文は、松家仁之による。

皆川明　ミナ ペルホネン　年譜

1967年

東京に生まれる。幼少期は粘土での動物づくりや泥だんごづくりに夢中だった。

1977年

東京都大田区から神奈川県横浜市港北区に転居。

1985年

ヨーロッパへ一人旅に出る。

1986年

文化服装学院夜間部に入学。日中は縫製工場で裁断の仕事などをする。
在学中もヨーロッパへ一人旅へ。

1991年

94年までの3年間、洋服のメーカーに勤める。

1994年

独立し、一人でブランドを立ち上げる準備を進める。
97年までの2年半、魚市場に勤める。朝4時から昼までは魚市場、午後から服づくりという生活をする。

1995年

minä（ミナ）設立。最初のアトリエは東京・八王子。
「せめて100年つづくブランドに」という想いは設立当時から。

1998年

アトリエを阿佐ヶ谷に移す。

1999年

横から見るとキリンのような姿の椅子「giraffe chair（ジラフチェア）」を発表。デザインした最初の椅子となる。

2000年

不揃いな粒が輪を描きながら連続してゆく刺繍柄「tambourine（タンバリン）」を発表。のちに、ブランドを象徴する柄となる。

東京・白金台にアトリエを移す。初めてのショップをアトリエ併設でオープンする。

2002年

過去のテキスタイルの復刻、色や素材を変えながら長く作り続けてゆく試みを始める。

個展「粒子-Exhibition of minä's works」（スパイラルガーデン、東京）。

2003年

ブランド名を「minä perhonen（ミナ ペルホネン）」と改める。
perhonenはフィンランド語で「蝶」を意味する。
蝶の舞いのように軽やかに世界の地で物づくりを続けて行きたいとの願いが込められ「minä perhonen」となった。

2004年

パリのファッションウィークに参加し始める。

ダンス公演「wonder girl（ワンダーガール）」の衣装を担当、空間構成と演出に参加（スパイラルホール、東京）。

キッズラインを始める（2005年春夏コレクションより）。

2005年

パリのファッションウィークにて、ショー形式でのコレクション発表を始める。

2006年

デンマークのテキスタイルメーカー「Kvadrat（クヴァドラ）」にデザイン提供を始める。

ダンス公演「moiré（モワレ）」の衣装とビジュアルコンセプトを担当（スパイラルホール、東京）。

「毎日ファッション大賞」受賞(毎日新聞社主催)。

2007年

京都にショップをオープンする。

パリのファッションウィークにて、2008年春夏コレクションを発表する。
このシーズンでパリでのショー形式での発表をやめる。

2009年

英国のテキスタイルメーカー「LIBERTY(リバティ)」の
2010年秋冬コレクションにデザイン提供をする。

京都にアーカイブラインを扱うショップ「minä perhonen arkistot
(ミナ ペルホネン アルキストット)」をオープンする。
アーカイブのデザインもお客さまとの出会いを持ち、
デザインが一過性とならないようにとの思いから。

個展「minä perhonen —fashion & design」(Textiel museum Tilburg /
テキスタイル ミュージアム ティルブルグ、オランダ)。

2010年

余り布を大切に使うことで物の無駄をなくし、新たな価値を生む
プロジェクト「minä perhonen piece,(ミナ ペルホネン ピース,)」を始め、
京都と東京にショップをオープンする。

東京にもショップ「arkistot」をオープンする。

個展「進行中」(スパイラルガーデン、東京)。

2012年

パリ発のフレグランスメゾン「diptyque(ディプティック)」より
minä perhonenとのコラボレーションとして、皆川の詩からイメージした
3つの新しい香りのフレグランスキャンドルが発表される。

2013年

京都にニュートラルカラー中心のショップ「minä perhonen galleria

(ミナ ペルホネン ガッレリア)」をオープンする。ガッレリアは、
フィンランド語で「ギャラリー」を意味し、企画展も行う。

松本にショップをオープンする。

スウェーデンのテキスタイルメーカー「KLIPPAN(クリッパン)」への
デザイン提供を始める。

2014年

皆川の監修により株式会社良品計画の「POOL」がスタート。
B品や端材を用い、無駄のないものづくりの循環を促す
プロジェクトが始まる。

2015年

神奈川・藤沢の湘南T-SITE内に、ショップ「minä perhonen koti
(ミナ ペルホネン コティ)」をオープンする。
コティはフィンランド語で「家」を意味する。

個展「1∞ ミナカケル」(スパイラルガーデン、東京)。
個展「1∞ ミナカケル ―ミナ ペルホネンの今までとこれから」
(長崎県美術館、長崎)。

「マームとジプシー」による舞台「書を捨てよ町へ出よう」
(原作:寺山修司、演出:藤田貴大)の衣装を担当(東京芸術劇場、東京ほか)。

イタリアの陶器ブランド「Richard Ginori(リチャード ジノリ)」より、
皆川がデザインしたテーブルウェアシリーズ「Bee White」が発表される。

2016年

本店を白金台より代官山に移す。
アーカイブの商品を複数のショップで扱うようになり、
それに伴いショップ「arkistot」はクローズする。

カフェや食品マーケットを伴い、ヴィンテージやクラフトの販売もする
「call(コール)」を東京・青山のスパイラルにオープンする。
「call」の名は「呼び寄せる」=callと「Ċreation all」
(クリエーションの全て)の略という2つの意味から生まれている。

「call」の求人の雇用年齢を100才までとする。

「2015毎日デザイン賞」受賞(毎日新聞社主催)。

「平成27年度(第66回)芸術選奨文部科学大臣新人賞」受賞(文化庁主催)。

朝日新聞日曜版の連載「日曜に想う」の挿し絵を描き始める
(2020年5月現在も連載中)。

日本経済新聞の連載小説「森へ行きましょう」(川上弘美)の
挿し絵を描き始める(2017年2月18日が最終回)。

2017年

金沢にショップをオープンする。

東京・代官山にテキスタイルを中心にインテリアを並べるショップ
「minä perhonen materiaali (ミナ ペルホネン マテリアーリ)」を
オープンする。マテリアーリはフィンランド語で「素材」を意味する。

2018年

瀬戸内の島、豊島の一棟貸しの宿「ウミトタ」のディレクションを担当
(設計:シンプリシティ 緒方慎一郎、運営:株式会社イルグラーノ)。

京町家の特性を生かした宿「京の温所(おんどころ)釜座二条」の監修を
担当(設計:中村好文、運営:株式会社ワコール)。

「マームとジプシー」による舞台「書を捨てよ町へ出よう」
(原作:寺山修司、演出:藤田貴大)の衣装を担当(東京芸術劇場、東京ほか)。

2019年

東京・馬喰町に暮らしと生活のためのショップ「minä perhonen elävä
(ミナ ペルホネン エラヴァ)」をオープンする。
ヴィンテージの椅子にminä perhonenのファブリックを張り替える
サービスも行う。エラヴァはフィンランド語で「暮らし」を意味する。

京都にもショップ「materiaali」をオープンする。

京町家の特性を生かした宿「京の温所(おんどころ)西陣別邸」の監修を
担当(設計:中村好文、運営:株式会社ワコール)。

個展「ミナ ペルホネン / 皆川明 つづく」(東京都現代美術館、東京)。

2020年

東京・代官山に、ニュートラルをテーマにしたショップ「minä perhonen neutraali (ミナ ペルホネン ネウトラーリ)」をオープンする。ネウトラーリは、フィンランド語で「ニュートラル」を意味する。

個展「ミナ ペルホネン / 皆川明 つづく」(兵庫県立美術館、兵庫)。

年譜作成・ミナ ペルホネン 長江青

生きる はたらく つくる

2020年6月27日　初版第1刷発行
2020年8月 7日　初版第2刷発行

著者……皆川明

発行者……佐藤真
発行所……株式会社つるとはな
〒101-0054　東京都千代田区神田錦町1-13
大手町宝栄ビル604
電話03-5577-3197
www.tsuru-hana.co.jp

装幀・本文デザイン……島田隆
カバー・イラストレーション……皆川明
編集……松家仁之　北本侑理
編集協力……ミナ ペルホネン
校正……佐藤寛子
印刷・製本……株式会社シナノ

乱丁本・落丁本は小社にお送りください。送料小社負担にてお取り替えします。
本書の無断複製（コピー、スキャン、デジタル化等）は禁じられています
（但し、著作権法上での例外は除く）。断りなくスキャンや
デジタル化することは著作権法違反に問われる可能性があります。
定価はカバーに表示してあります。

©2020 Akira Minagawa
Printed in Japan
ISBN978-4-908155-07-9 C0095